ワイン迷子のための
家飲みガイド

安齋喜美子

集英社

目次

生産国別「家飲み」おすすめワイン　3000円台以下　98

ワイン取材歴23年の私がたどりついた「家飲み」の楽しみ

女性誌や専門誌で食やワインを中心とした記事を書き始めて23年。

まさか、自分がワインについて記事を書く日がくるとは、ひとりのワイン好きに過ぎなかった20代前半の頃には夢にも思っていませんでした。当時は出版社勤めの会社員。20代ですから、欲しいものはワインより洋服やバッグ、化粧品などの装飾品でした。でも、ワインは好き。おいしいワインが飲みたい。

時々、ワインショップやワインコーナーが充実したスーパーに立ち寄っては、いつも迷いながら１０００円から２０００円くらいのワインを買っていました。給料日やボーナスが出たときにはちょっと奮発して憧れのワインを買ったり、ワイン好きの友人とレストランに行ったときや、友人の家に手みやげとして持ってい

くときには、ふだんよりいいワインを選んだり。「どうしたら自分の予算でおいしいワインを選べるか」といろいろ努力をしていたように思います。

ワイン売り場でいつもウロウロ。「ワイン迷子」の私が「ワインを書く」まで

独立してフリーランスのライターになった頃、ワイン専門誌を手にして思ったのが、「こんな専門的なこと、私には一生書けない」でした。ですが、ワインの本を少しずつ読むようになり、日常的にワインに親しんでいるうちに、品種や生産国の個性がだんだんわかるようになっていったのです。すると、私がワイン好きであることを知った雑誌の編集者がワインの記事を書かせてくれるようになりました。そのうちワイン専門誌から声がかかり、今では海外取材や大きな試飲特集を任されるようになったのですから、人生はわかりません。

いちばん楽しいのは「家飲み」。
飲み方もおつまみも、すべてが自由！

仕事柄、年間に試飲する数は約２０００種類近く（新型コロナウイルス感染症の拡大前のことです）。有名な生産者とともに、高級で造りのよい銘醸ワインと呼ばれるものを飲むことも増えました。大きな特集で有名ソムリエの方々と一緒に試飲するときは、香りと味わいの読み取りに集中し、それを表現する言葉を探します。

ですが、仕事を離れたふだんの生活では、私は「家飲み」で手ごろな価格のワインを飲んでいます。この「家飲み」がリラックスできて、自由で、なんとも楽しい！　好きな映画を観ながら、あるいは本を読みながら、自分のペースでゆっくり飲めるのがいいのです。合わせる料理やおつまみも自由。以前、ふと試した鯖《さば》寿司《ずし》とロゼワインの組み合わせに「合う！」と感動したのも「家飲み」ならではで、意外な相性が発見できるのです。「ふつうのごはん」が、ワインがあるだけでいつもよりランクアップするのも大きな魅力です。

また、日々の生活には、いいことも悪いこともあります。一日の終わりの1杯のワインは、楽しい感情を増幅させ、悲しい気持ちをリセットしてくれます。おいしいワインがある日は「ワインに救われる」ことも少なくありません。1杯のワインで、「明日も頑張ろう」と思えるのはすごいこと。「家飲み」は、パワーを与えてくれる特別な時間にもなってくれるのです。

「家飲み」の楽しみ

1. 手ごろな価格のワインをいろいろ試して、好みの品種やブランドを探すのが楽しい。
2. リラックスできる部屋着で映画や音楽、本とともに「ながら飲み」ができる。
3. 和の総菜やスナックなど、何を合わせても自由。意外な食べ物との相性のよさも発見できる。

自分好みのワインを見つけるための 基礎知識

ワインの魅力は、多彩な味わいと香りにあります。ブドウ品種にも個性があって、赤なら果実味の豊かさとシルキーなタンニン（渋み）に、白なら白い花のような芳しい香りとフレッシュな酸味に魅了されることもしばしば。国や地域によってもスタイルが違い、その奥深さゆえにワインに魅了される人が多くいるのだと思います。

以前と比べ、今は、スーパーやコンビニでもワインが買えるようになりました。仕事帰りに今晩飲むものを選ぶ人もいます。でも、「あのワイン、おいしかった」「好きな味だった」という経験があっても、ワイン名や生産者名などはなかなか覚えられないという人も多いのではないでしょうか。「ワインの入り口」で足踏みしている……。ワイン売り場でウロウロしている……。そんな人々のことを勝手に「ワイン迷子」と名づけました。

「ワイン迷子」は売り場でどのワインを買おうか迷いますが、銘柄や値段以前に、自分がどんなワインを好きなのかがわかっていないことが多いと思うのです。そんな「インナー迷子」の願いはただひとつ。「おいしいワインに出会うこと」

「自分の好み」と「最低限の知識」で「家飲み」の楽しさが倍増

では、おいしいワインに出会うにはどうしたらよいかというと、私は「自分の好みを把握しておくこと」と「最低限の知識をもつこと」だと思っています。ワインは「嗜《し》好《こう》品《ひん》」です。選ぶ基準は、あくまでも「自分がこのワインの味を好きかどうか」。自分は赤が好きなのか、白をよく飲むのか。今まで飲んだ品種の中で、どれがおいしいと思ったのか。どこの国のワインに感動したのか。そして「最低限の知識」とは、ワインに使われるブドウの主要品種と、生産国の特色をつかむこと。そうすれば、好みのワインに当たる確率が高くなり、ワイン選びがぐっと楽しくなってきます。

「ワインクロゼット」を整理すると自分の好みが見えてくる！

好みのワインを知るためにおすすめしたいのは、自分自身の「ワインクロゼット」を整理することです。「ワインクロゼット」とは、自分のワインの経験値（私が勝手に作った言葉です）のこと。

今まで飲んできたのは、「赤が圧倒的に多い。それも、なんとなくブルゴーニュ」なら、ブルゴーニュの赤の主要品種であるピノ・ノワール種で造られた、ほかの生産国のものを試してみましょう。ニュージーランドやカリフォルニアにも上質でリーズナブルなピノ・ノワール種は多いので、「家飲みなら、これで十分かも」と自分で判断できるようになります。「すっきりした白を選ぶことが多かった」なら、ソーヴィニヨン・ブラン種や甲州種がおすすめです。「すっきりした白ワインになるブドウ品種」を覚えれば、好みの味に出会いやすくなり、味や香りの微差までも楽しめるようになります。

自分の好きなワインを整理する例

「渋い赤は苦手」なあなたには……

とにかく白が好き！
それも酸味が優しいタイプ

↓

世界各国のシャルドネ種とヴィオニエ種がおすすめ

↓

肉料理と合わせて楽しみたいときは、ロゼやオレンジワインを選択肢に

「重厚感が好き」なあなたには……

品種には詳しくないけど、カベルネ・ソーヴィニヨン種が好き

↓

まずは、ボルドーやチリのカベルネ・ソーヴィニヨン種を飲んでみる

↓

もっと重厚感が欲しければシラー種、優しいほうが好みならメルロ種にトライ

「品種」と「国」の特徴に触れると自分の内的世界が広がっていく！

「ワインクロゼット」が整理できるようになると、なんとなく「品種」がわかるようになってきます。

　人気の品種の特徴と自分好みの品種がわかってくると、私がそうでしたが、ワイン選びにハマってしまいます（46ページから人気の18品種の特徴を紹介します）。

　次に気になってくるのが「国やエリアの特徴」です（98ページから紹介）。ブドウが育つ土地の「テロワール」（土地の気候や土壌の個性）が感じられるのも、ワインの魅力のひとつです。たとえば、海辺の白ワインなら「潮風のような香りがある」と感じるでしょうし、標高が高いところで育ったピノ・ノワール種なら「ちょっと果実味に涼しいニュアンスがある」と気づくこともあるでしょう。ワインに目覚めてしまうのはこの瞬間です。「今まではまったくわからなかったけれど、気づいてしまった自分」に感動するのです。こ

こまでくると、その国の文化にも興味が湧き、自然に知識が増え、自分の中に奥深い世界が広がっていくのです。

日本は、世界中のワインが豊富に集まる「特殊なマーケット」と言われています。マニア垂涎《すいぜん》の稀少《きしょう》なヴィンテージやカルトワイン、マニアックな自然派ワインやワイン界で注目されるニューフェイスも。そして、「日本人は、自分たちのワインを理解しようとしてくれるのがうれしい」と、質のよいものを率先して出してくれる生産者も多くいて、「日本にないものはない」と言われているほど。これを「家飲み」に活用しない手はありません！

赤ワインの味わいは「渋みの強弱」でみる

赤ワインの魅力はまろやかな渋みとふくよかな果実味。赤ワインを理解するのにいちばんわかりやすいのが「渋み」でしょうか。これは「タンニン」というブドウの果皮や種の成分に由来するもので、この強弱でそのワインが「好みかどうか」がわかると思います。

赤の主要品種で言えば、カベルネ・ソーヴィニヨン種、メルロ種、ピノ・ノワール種の順番で「渋みが強い」と感じます。カベルネ・ソーヴィニヨン種は果皮が厚く、反対にピノ・ノワール種は果皮が薄いので、ワインに抽出されるタンニンの多寡も違うのです。渋みが好きな人はカベルネ・ソーヴィニヨン種を、渋みが苦手な人はピノ・ノワール種からセレクトしてみてください。また、あえて中間の渋みのメルロ種からスタートするのも「手」でしょう。

この渋みには、「固い」「丸みのある」「繊細な」など、さまざまな印象のものがあります。舌が慣れてくると「こまやか」であることや「果実に溶け込んでいる」ことなどが理解できるようになります。

自分好みのワインを
見つけるための基礎知識

赤ワインの味わい

重厚
（渋み）

カベルネ・ソーヴィニヨン種より果皮が薄く、タンニンはこまやか。「渋みがどんなものかわからない」人は、渋みがまろやかなボルドーのサン・テミリオン地区や日本のメルロ種からスタートしてみるとよいかも

エレガント
（優しい果実味）

カベルネ・ソーヴィニヨン種

メルロ種

ピノ・ノワール種

「渋み」はこの品種の〝命〟。タンニンがきちんとあると、長期熟成に耐え、10年後、20年後に素晴らしいワインになる。ボルドーの銘醸ワインがその例で、若いワインは顔をしかめてしまうほどの渋さのものも

白ワインの味わいは「酸味の個性」でみる

白ワインの魅力は酸味の美しさ。シャルドネ種もソーヴィニヨン・ブラン種もリースリング種も、酸味がキリリとしています。異なるのはミネラル感とふくよかさでしょうか。シャルドネ種は、育つ場所によって「酸のあり方」が違います。その代表がブルゴーニュのシャブリ。石灰質で育つため、酸味がかなりしっかりしています。一方、カリフォルニアのシャルドネ種は、太陽をたっぷり浴びて酸味もやわらか。シャルドネ種の酸を一概に語るのは難しいのですが、ソーヴィニヨン・ブラン種とリースリング種に比べれば「ふくよか」と言えます。

多彩な「酸味」ですが、「好みの酸味」に出会うポイントは、その品種の酸味に、どんなニュアンスがあるかということ。シャルドネ種は、白い石のような「ミネラル感」が感じられます。ソーヴィニヨン・ブラン種はその対極にあり、「どこまでもすっきり」。リースリング種は、また独特の立ち位置で、少しオイリーで甘酸っぱいニュアンスがあります。酸味のあり方は「三者三様」で、それぞれ魅力的です。

土壌によって姿を変える
〝七変化の名人〞。ブルゴー
ニュなら、シャサーニュ・
モンラッシェ村産は酸味が
ふっくらでエレガント、ム
ルソー村産はちょっと骨
太。「私の顔はひとつじゃ
ないの」とミステリアス

「ワインの味わい」表現いろいろ

ワインボトルの中には、さまざまな味と香りがあります。それも、品種や国、テロワール（土地の気候や土壌の個性）、生産者による醸造方法の違いによって味や香りが少しずつ違ってきます。それぞれに魅力的で、この魅力に気づくと奥深さにハマってしまう人が多いのです。ワインの味は、果実味、酸味、渋み、甘みの４つの味とアルコール度のボリューム感で構成されています（試飲のとき、ソムリエなどのプロはアルコール度のことを「アルコール感」と言うことが多いです）。また、石灰質の土壌で育った白ブドウはミネラルが豊かで、塩味を感じるものが多いので、私は、このミネラル感や塩味も味の要素に入れています。

この「味の総合体」のボリュームが大きければ「フルボディ」、中くらいなら「ミディアムボディ」、小さければ「ライトボディ」と表現されます。赤の場合、この「味の総合体」に多大な影響を及ぼすのがタンニン（渋み）です。この渋みの度合いで「好みかどうか」がわかるので、ワイン選びのポイントになると思います。ちなみに、タンニンには「時間が経つと角が取れ、まろやかになる」という特徴があります。「赤は熟成するとおいしくなる」と言われますが、これはタンニンのなせる業なのです。

「渋み」や「酸味」にもいろいろなタイプがある。「使われている言葉」で味が予測できる

　ワインを表現するときには、タンニンが豊かで角が取れ、果実味がたっぷり感じられる赤には「芳醇《ほうじゅん》でまろやか」、タンニンは中くらいでちょっとおとなしめの果実味の赤には「穏やかなタンニンと優しい果実味」などが使われます。渋みは、ブドウの果皮と種に由来するものなので、白で渋みを感じることは多くはありませんが、果皮や種のタンニンを含んでいるロゼやオレンジワインなどには、軽やかな渋みが感じられます。

　白の印象を決定づけるのは酸味と果実味（甘み）のバランスです。酸味が強いとシャープな味わいになります。私は、記事には「キリ

リとした酸味」という言葉を使うことが多く、さらにそれが心地よくて自分好みだったりすると「スタイリッシュな酸味」や「心地よい酸味」と表現します。

文章で味を伝えるのは難しいのですが、それぞれのワインの魅力をきちんと伝えようと努力をしています。上質な赤に使うことが多いのが、「芳醇」「シルキーなタンニン」など。「シルキー」とはタンニンがこなれ、なめらかさを感じたときの表現です。「ベルベットのような」とも言います。「ゆったりとして優雅な果実味」なども多く使います。

白は「心地よい酸味」「美しい酸味」「厚みのあるミネラル」「しなやかなミネラル」など。加えて、「上品」や「エレガント」「奥深い」「複雑」「余韻が長い」という言葉は、赤や白、ロゼなどすべてのワインに共通して使います。ちなみに、最高の賛辞は「フィネスがある」。これは「品格がある」の意で、多くは高級ワインに使われることが多い表現です。

「家飲み」が面白いのは、手ごろな価格のワインでもこの「上品さ」や「奥深さ」を感じられるワインもあること。そんなワインに出会うと、とてもうれしくなります。

イマジネーションを刺激する「香り」。ゆったりした時間は「家飲み」ならでは

味と同時に、ワインの印象を決めるものが香りです。品種ごとにさまざまな魅力的な香りをもっていますので、ぜひ46ページからの「人気品種18の特徴を知る」をチェックしてみてください。

香りの表現は、その人の経験からくるものだと、私は思います。海辺の土地で生まれるワインから潮風の香りがすれば、子どもの頃の海水浴や旅のリゾート地を思い出しますし、バラの香りのゲヴュルツトラミネール種を飲めば、バラ園を思い浮かべます。ハーブ、キノコの香りに森の気配を感じることも。ときにはイメージの中で遊んでみると、心がふんわりして気持ちにゆとりが生まれます。

ワインの値段によってどんな違いがある？

ワインは、価格に関していえば、とてもわかりやすい飲み物です。早い話、「高いワインはおいしい」。５０００円以上のものであれば、たいていはおいしく感じられることでしょう。とはいえ、いくら高価でも好みに合わなければ、そのよさはわかりません。

ワインの価格は、産地や造り手、ヴィンテージ（ワインの製造年）によって左右されます。同じフランスでもブルゴーニュやボルドー、シャンパーニュは基本的に高級ワインの産地で、ここからは銘醸ワインが数多く生まれています。とはいえ、これらの土地にはリーズナブルなワインもたくさんあります。

畑の違いやブドウの木の樹齢、醸造方法の違いによっても価格が変わる

では、なぜワインの価格が違うのか、わかりやすいところでボルドーの5大シャトーのひとつ、「シャトー・ムートン・ロスチャイルド」（新しいヴィンテージで10万円台）と、同じシャトーが造る

ワインの値段による違い

4,000円台	"高級ワイン"の一歩手前ながら、味は確実なものが多い。ボルドーやブルゴーニュでもおいしいワインの選択肢が広くなる。贈り物としても安心できるレベル。
3,000円台	"プレミアムワイン"と言われるレンジで、おいしいワインに出会える率が高い。特に新世界(98ページ)や日本のワインは味のレベルが高い。複雑な味わいのものも。
2,000円台	かなり選択肢が広がる。狙いめはスペインやポルトガル、シチリア、ニュージーランド。軽やかな味わいながら、きちんと造られていると実感するものに出会える確率が高くなる。
1,000円台	低価格帯ワイン。1,500円までは新世界のものが多い。1,500円以上はぐっと味のクオリティが上がってくる。スペインのカバや日本の甲州種が"確実な味"。
1,000円以下	低価格帯ワイン。果実味がストレートに感じられるチリに注目を。良質のものが多い。スーパーやコンビニのプライベート・ブランドなども。旧世界ならスペインが狙いめ。

１０００円台の「ムートン・カデ」を例にお話ししましょう。「シャトー・ムートン・ロスチャイルド」は、名実ともに世界のトップワインの一つです。一方、「ムートン・カデ」は「シャトーの末っ子」と言われるカジュアルライン（「カデ」はフランス語で「末っ子」の意）。このふたつのワインの価格の違いは、端的に言えば「使っているブドウの質の違いと手間ひまのかけ方」によるものと言えます。

そもそも、このふたつのワインは、造られる目的からして違います。「シャトー・ムートン・ロスチャイルド」は世界最高峰のワインを目指し、自社畑の最高区画のブドウで造られ、さらに樽《たる》で熟成中のワインから厳選します。「ムートン・カデ」は日常に楽しんでもらえる上質なワインを目指し、厳選された契約農家のブドウで造られます。洋服にたとえるなら、「生地も仕立ても違う」といえばわかりやすいでしょうか。オートクチュールのドレスとリアルクローズとの違いに似ています（もちろん、醸造の手のかけ方も違います）。

３万円台の高級シャンパーニュと１０００円台のスパークリングワインの違い

スパークリングワインの例も見てみましょう。製法は同じでも、価格がまったく違うのがフランスの「シャンパーニュ」とスペインの「カバ」です。たとえば、シャンパーニュの最高峰と謳《うた》われる「クリュッグ グランド・キュヴェ」（３万円台）とスペインの人気カバ「フレシネ コルドン ネグロ」（１０００円台）。ワインをよくご存じの方には「このふたつを比べるなんて、どうかしている」と言われそうな比較です。でも、飲み比べてみると、味の構成がまったく違い、「造られる目的からして違うのだな」ということがわかるのです。

「クリュッグ グランド・キュヴェ」の魅力は、奥行きと複雑性です。なんと、多数あるキュヴェ（一番搾りの果汁）の中から１２０ものキュヴェを、一つずつテイスティングの上、セレクトしてブレンド、10年以上もの熟成期間を経て仕上げています。その造りたるや実に緻密でこまやか。飲むたびに感動に包まれます。

「フレシネ コルドン ネグロ」は、スーパーなどでも見かけることが多いカジュアルなワインで、「クリュッグ グランド・キュヴェ」とはまったく違います。でも、私が言いたいのはそんなことではありません。「１０００円台のワインを軽く見てはいけない」と思わせられる、そのていねいな造りです。ブドウは自社畑と信頼する契約農家のもので、収穫はすべて手摘み（ブドウが傷つきません）。使用するのはキュヴェのみ。以前、仕事でこれを知ったとき、とても驚きました。広大な畑を所有する大手ワイナリーだからこそできることだと思いますが、これを１０００円台で提供するのは、まさに企業努力と言えるでしょう。最高峰のシャンパーニュと比べたら、もちろん味の奥行きやふくらみ、エレガントさという意味では大差があります。でも、フレッシュでフルーティー、ふだんのごはんをおいしくしてくれる実力に「この価格はすごい！」と素直に思ってしまうのです。

　これも、オートクチュールのドレスと日常のＴシャツの違いと言えると思いますが、１０００円のＴシャツがおしゃれで着心地がよかったらうれしくありませんか？　私は、３０００円以下のワイン探しは、「着心地がよく、おしゃれなＴシャツ探し」だと思っています。

３０００円以下のワインは「気軽に着るTシャツ」。探せば「掘り出しもの」はたくさんある！

ワインは価格によってだいたい味のレベルの予想がつきます。高価なワインに比べると、３０００円以下のワインは全体的に「複雑味」や「奥深さ」に欠けることは事実です。とはいえ、１０００円台、２０００円台でもおいしいものは多数あります。なかには「複雑味」を感じるワインもあります。

そんなワインに出会うと、私はとてもうれしくなります。バーゲンでかわいい靴や洋服を見つけた感じ。あの感覚に似ているのです。定価で購入する洋服は、着心地や袖のフィット感、使われているボタンなど細部まで気になりますが、バーゲンの場合は、「まあ、いいか。かわいいし」と単純にうれしくなります。

この本では「家飲み」にぴったりの「掘り出しもの」をたくさんご紹介したいと思います。

1,000円以下のワイン

正直、複雑味のあるワインは期待できませんが、「気負わず飲めるがぶ飲みワイン」として、「そこそこであれば可」としましょう。私は１０００円以下ならチリ産やスペイン産を選ぶことが多いです。ストレートな果実味を味わえます。

また、左記のワインコンサルタント内藤邦夫さんのような目利きのセレクトは、「掘り出しもの」に出会えるので参考にしています。

★おすすめは……

実家近くのスーパー「ヨークベニマル」の「カーヴ・ド・リラックス コーナー」で、時々「ノストラーダ」（スペイン）のマカベオ種のワインを購入します。このコーナーは、東京・虎ノ門の人気ワインショップ「カーヴ・ド・リラックス」（２００ページ）を立ち上げた内藤邦夫さんが監修しています。高級ワインをよく知る目利きでありながら、「安くておいしいワインをお客さまの日常に届けたい」という思いを持っている方です。「カーヴ・ド・リラックスコーナー」にあるのはたいてい１０００円前後のものですが、内藤さんのセレクトなので、コストパフォーマンスのよさはお墨付き。ヨークベニマルのほか、「カーヴ・ド・リラックス」のショップでも購入できます。

おすすめワイン

優しい果実味とゆったりした酸味
イカやタコの刺身と相性抜群!

ノストラーダ マカベオ・ムスカ 2020

スペインの在来品種とムスカ(ミュスカ)をブレンドした白。白い花やハーブの香り。しっかりした酸味と豊かな果実味のバランスもよく、コストパフォーマンス大。チーズや生ハム、サンドイッチと気軽に合わせたり、イカやタコの刺身にも。

■品種/マカベオ、ムスカ
■生産地/スペイン カスティーリャ
■生産者/アルティガ・フュステル
■979円(参考価格/編集部調べ)
■問い合わせ/リラックスワイン
TEL 045-662-8455

チーズ系料理の心強い味方
コストパフォーマンスに驚かされる

マルキ・ド・ボーラン シャルドネ 2019

「リラックスワイン」が南仏の協同組合(栽培農家のワイン組合)に委託して造るオリジナルのワイン。果実味豊かで爽やかですっきりした酸味。チーズたっぷりのピッツァやカルボナーラ、天ぷらなどとよく合う。

■品種/シャルドネ
■生産地/フランス ラングドック・ルション地方
■生産者/フォンカリュー
■957円(参考価格/編集部調べ)
■問い合わせ/リラックスワイン
TEL 045-662-8455

1,000円〜2,000円のワイン

「きらりと光るいいワイン」があるのがこの価格帯です。味わいに複雑性はさほどありませんが、「素直な味わい」が楽しめます。価格的にも、「家飲み」にぴったりですね。素直に「おいしい」と思え、リピートしたくなるワインも多数。でも、生産者によって味にばらつきがあることも多いので、おいしいワインに出会ったら、きちんとメモしておきましょう。

★おすすめは……

私が意識するのは、有名な生産者のカジュアルラインです。彼らは多くの畑を所有していて、その中にはまだブドウの樹齢が若い畑があります。その畑のブドウや、地元の栽培農家から購入したいいブドウを使って、質のよいワインを造っていることも多いです。

最近のお気に入りは、山形産デラウェア種で造られる「タケダワイナリー ブラン白（辛口）」で、デラウェア種の印象ががらりと変わった1本でした。白だしにレモンのスライスを浮かべ、豚肉と千切りレタスだけの超簡単なレモンしゃぶしゃぶと合わせましたが、

これが絶品（白コショウを忘れずに）。とても気に入ったので、翌日、また購入しました。お気に入りは即リピート買いです！

また、シチリアも安価でおいしいワインの宝庫です。気鋭のワイナリー、フェウド・アランチョがグリッロ種やインツォリア種で造る白や、シチリアを代表する生産者のプラネタが在来品種のネロ・ダーヴォラ種で造る「ラ・セグレタ・ロッソ」もおすすめです。

おすすめワイン

爽やかな酸味が魅力
しみじみと優しい味わい

**タケダワイナリー
ブラン 白（辛口）2018**

梨やハーブの香り。果実味豊かでフレッシュな酸味。デラウェアらしい甘酸っぱさが感じられる。老舗の５代目、岸平典子さんが信頼する近隣農家と手を携えて造る“郷土愛”に満ちたワイン。豚しゃぶや煮物など和食との相性は抜群。

■品種／デラウェア
■生産地／日本 山形県
■生産者／タケダワイナリー
■1,760円
■問い合わせ／タケダワイナリー
TEL 023-672-0040
https://www.takeda-wine.jp

シチリアを代表する
上質な日常ワイン

ラ・セグレタ・ロッソ 2018

チェリーや赤スグリ、桑の実などの果実の甘い香りの中に、ミントなどハーブの香りが隠れている。酸味は優しく、果実に溶け込んでいる。タンニンもやわらか。イワシと松の実のパスタやタコのトマト煮などに。

■品種／ネロ・ダーヴォラ主体にメルロ、シラー、カベルネ・フラン
■生産地／イタリア シチリア州
■生産者／プラネタ
■1,925円
■問い合わせ／日欧商事
TEL 0120-200105

2,000円～3,000円のワイン

まず、このレンジはハズレなし！

奥深さこそあまり期待はできませんが、なかには複雑性をもつワインも多くあります。この価格帯であれば、かなりレベルが高いワインに出会える可能性は大。親しい方になら、カジュアルなプレゼントにも重宝します。私がこの価格帯のものを買うのは、週末に「特別感」を楽しみたいとき。ワインショップやデパートで買うことが多いです。

★おすすめは……

私がこの価格帯でチェックするのは、フランスはブルゴーニュの「ブルゴーニュ・ルージュ」や「ブルゴーニュ・ブラン」（１１３ページ）やイタリアのトスカーナ州やヴェネト州、シチリア州のもの。この価格帯は、旧世界のいい生産者のものが多くあるので、旧世界ならではの気品を感じてみたいのです。ヴェネトのセレーゴ・アレギエーリ「ポッセッシオーニ・ビアンコ」なども、カジュアルながらも気品が感じられます。

日本のワインでは、原茂ワインの「甲州樽熟成」や中央葡萄酒の「グリド甲州」、丸藤葡萄酒工業の「ルバイヤート甲州シュール・リー」(95ページ)など。すべて有名な造り手ばかりですが、だからこそ、「カジュアルラインでも造りがいい」のです。

おすすめワイン

ダンテの子孫が造る上品な白

セレーゴ·アリギエーリ ポッセッシオーニ· ビアンコ 2019

柑橘やハーブの香りで、繊細な果実味がチャーミング。爽やかで品のいい味わい。生ハムやピッツァ、イカやタコの刺身などと好相性。『神曲』を書いたダンテの子孫であるセレーゴ·アリギエーリ伯爵家が造る。

■品種／ガルガネーガ主体にソーヴィニヨン·ブランをブレンド
■生産地／イタリア ヴェネト州
■生産者／セレーゴ·アリギエーリ
■2,750円
■問い合わせ／日欧商事
TEL 0120-200105

樽熟成ならではの
深みのある味が魅力的

甲州樽熟成 2018

白桃やアプリコット、ハチミツの香り。樽由来のバニラの香りも。うまみを感じる果実味と優しい酸味。ミネラルもしなやか。樽熟成ならではの深い味わいが楽しめる「お買い得」の１本。1924年創業の老舗で、ていねいなワイン造りに定評ある造り手。

■品種／甲州
■生産地／山梨県 甲州市
■生産者／原茂ワイン
■2,431円
■問い合わせ／原茂ワイン
TEL 0553-44-0121
https://www.haramo.com

ボトルの形でわかること

ボトルが教えてくれる「おおよその味」
まずは「いかり肩」か「なで肩」かをチェック！

ワイン売り場でラベルを見比べていても、今ひとつ味のイメージが湧かない……。そんなときは、「ボトルの形」をチェックしてみてください。どこの国のワインか、どんな品種かわからなくても、ボトルの形でおおよその味わいが予測できます。

いかり肩

一般的に「ボルドータイプ」と呼ばれる。熟成させるとワインの中に澱《おり》ができるので、注ぐ際に澱が出にくいようにしたとの説も。赤なら重厚でタンニンもしっかり、白はすっきり系の味が予測できる。

まずは「いかり肩」のボトル。これは、フランスのボルドーワインに代表されるボトルです。

このボトルに多く使用されている品種は、赤ワインの場合は、カベルネ・ソーヴィニヨン種やメルロ種など。タンニンをしっかりと感じる「渋め」の味が特徴です。ほかには、イタリアのサンジョヴェーゼ種やアルゼンチンのマルベック種、スペインのテンプラニーリョ種、ジンファンデル種なども、この「いかり肩タイプ」であることが多いです。

「いかり肩」のボトルに共通する味は、「コクあり濃いめ」と言えると思います。また、白の場合はソーヴィニヨン・ブラン種や甲州種など、すっきり系の味わいであることが多いです。

また、何種類かの品種をブレンドしたワインであることが多いのも特徴です。

なで肩

「ブルゴーニュタイプ」と言われるボトルで、ローヌワインにも使われている。ピノ・ノワール種やシャルドネ種、ヴィオニエ種など「エレガントでふっくら」な味わいのものが多い。

「なで肩」で流線形のボトルは、ブルゴーニュのピノ・ノワール種やシャルドネ種に使用されています。フランス以外の国でも、ピノ・ノワール種やシャルドネ種はこの「なで肩」ボトルに詰められているのが一般的です。

味わいは、赤なら「タンニンの渋みが少なく、やわらか」、白なら「酸味が優しく、フルーティー」であることが多いです。

フルート型

〝シュッ〟として細長いボトルは、フランス・アルザス地方やドイツワインに使用されることが多い。「リースリング種を中心としたフルーティーで酸のきれいなワイン」がイメージできる。

フランスのアルザス地方やドイツのリースリング種には、ほっそりとしたフルート型のボトルが使用されています（アルザスはほとんどのボトルがフルート型です）。味わいは「ちょっと甘酸っぱさを感じるすっきり系」でしょうか。

この3タイプが主流ですが、ほかにもイタリア・トスカーナのキャンティに代表される藁《わら》づとで包まれた「フィアスコ」や、フランスのプロヴァンスワインの中には丸みを帯びて「ウエスト」がきゅっと引き締まったフェミニンなフォルムのボトルもあります。

ラベルには何が書いてある？

ラベルは「ワインの自己紹介」です。自分の名前（ワイン名）、出身地（産地）、親（生産者）の住所、家柄（格付けやＡＯＣ〈原産地統制呼称制度〉）、生まれ年（ヴィンテージ）、体重（容量）、そしてブドウ品種やアルコール度数などが記載されています。

基本的に、旧世界のワインは品格を重んじてヴィンテージや格付けを前面に出し、新世界のワインはシンプルでわかりやすいラベルが多いです。以前、ボルドーの5大シャトーのひとつ「シャトー・ラフィット・ロスチャイルド」のオーナー、エリック・ド・ロスチャイルドさんにお会いしたときは、「How do you do?」と格式高くフォーマルに挨拶されました。一方で、アメリカ最高の醸造家のひとりと称されるティム・モンダヴィさん（「コンティニュアム・エステート」オーナー。「オーパス・ワン」初代醸造責任者）にお会いしたときは、「Hi」と握手の手を差し出され、「Nice to meet you」。この対極的な挨拶がラベルにも現れているように感じます。どちらも心温かで気さくな紳士。ワインへの情熱も素晴らしいです。

旧世界

フランスやイタリア、スペイン、ドイツなど、古くからワインが造られてきたヨーロッパの国々。

新世界

大航海時代にかつては植民地だった地にブドウ栽培やワイン醸造法が伝わり、新たにワイン造りが始まった国々。

旧世界

「格式」を感じさせるのが旧世界のラベルで、自分たちの由緒正しさをアピールしている。とはいえ、ラベルに書いてあることはほぼ「どれも同じ」。ラベルを見ることに慣れてくると、それほど苦ではなくなってくる。

ボルドーのラベル

大きく表記されているのは多くがシャトー名(生産者名)。でも、その名前を知らなければわからないのが難点。その場合はAOC(原産地統制呼称制度)からどこの村(地区)なのかを確認すると味の手がかりがつかめる。

■シャトー・マルゴー

❶生産者名は「シャトー・マルゴー」。❷「2017」はワインが造られた年(ヴィンテージ)。❸「グラン・ヴァン」は「偉大なワイン」の意。ボルドーにはこの表記が多い。❹「グラン・クリュ・クラッセ」とあるのは第1級～5級までのボルドーのメドック地区の格付けワイン。「プルミエ・グラン・クリュ・クラッセ」は格付けが「メドック第1級」であることを意味。「MIS EN BOUTEILLE AU CHÂTEAU」という表記があるものもあり、これは醸造元で瓶詰めしていることを意味。ちなみに、❸の「グラン・ヴァン」は自分で名乗ってよい(自信たっぷりなところが、さすがボルドー!)。

ブルゴーニュのラベル

「村」や「畑」が重要視されるのがブルゴーニュ。ラベルには、生産者名よりも村名や畑名が大きく記されていることもある。ラベルに畑名があれば、それは確実に高級ワイン。「グラン・クリュ（特級畑）」や「プルミエ・クリュ（1級）」と記載される。

■フェヴレ ニュイ・サン・ジョルジュ

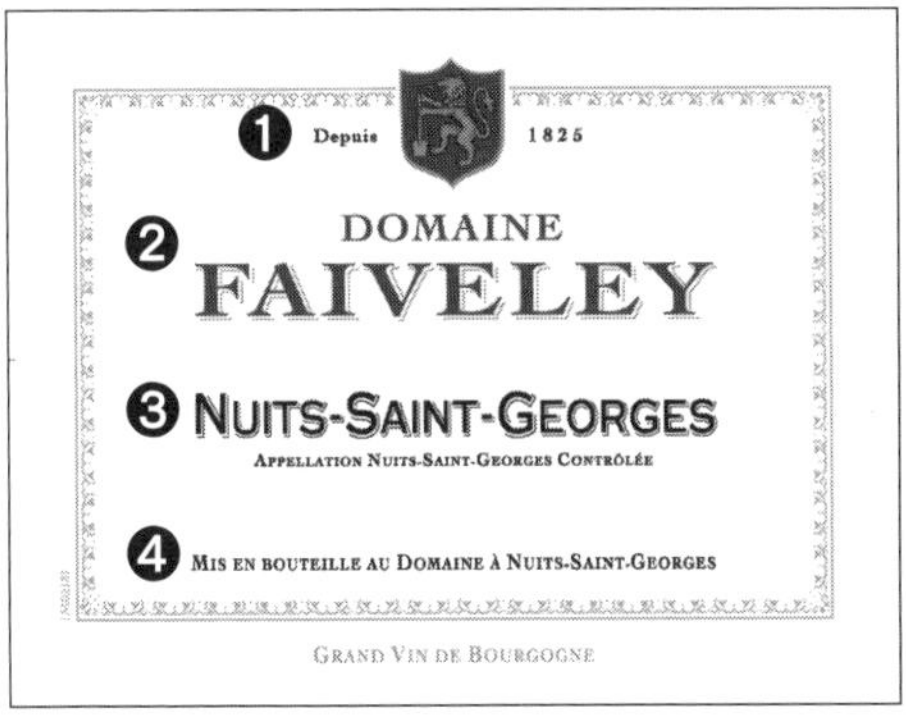

❶「Depuis」は英語の「Since」の意。設立年を表す。❷生産者名は「ドメーヌ・フェヴレ」。❸「ニュイ・サンジョルジュ」は村名。コート・ド・ニュイのアペラシオン（原産地）のひとつ。村名の下には生産地区がニュイ・サン・ジョルジュであることが記されている。❹ラベルの下方には「MIS EN BOUTEILLE AU DOMAINE」の文字。醸造元でワインを詰めていることを証明。アルコール度数や容量などは、多くが裏ラベルに記載されている。旧世界のワインは、15世紀、16世紀など、かなり古い時代からワイン造りを続けている生産者も多く、ラベルにはファミリーの紋章を入れているところも多い。これも、ファミリーの歴史を大切にする旧世界ならでは。

新世界

シンプルでわかりやすいのが新世界のラベルの特徴。色や文字のデザインもバラエティに富み、可愛いイラストのものも多いので、直感で「ジャケ買い」してみるのも楽しい。

アメリカのラベル

■ロバート・モンダヴィ プライベート・セレクション カベルネ・ソーヴィニヨン

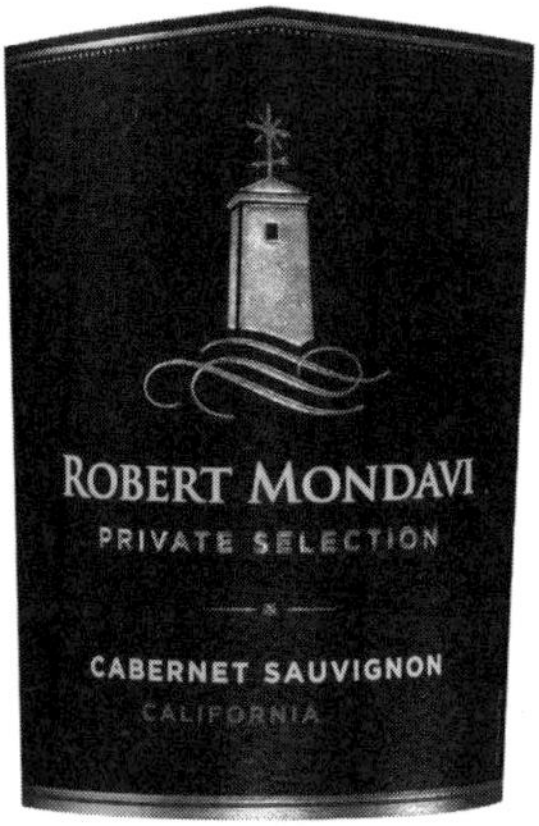

「ロバート・モンダヴィ」(生産者名)の下に記載された「プライベート・セレクション」は「プライベートな時間に楽しんで」という意味を持つワイン名。品種がカベルネ・ソーヴィニヨン種、産地がカリフォルニア州であることも明確。

チリのラベル

■カッシェロ・デル・ディアブロ カルメネール

「レゼルヴァ」とは一定期間を樽で熟成させてから出荷したワインのこと。上から、ブランド名、品種、国名ととてもシンプル。ラベルの下方には、この蔵に伝わるエピソードを記載。一番下の「コンチャ・イ・トロ」は生産者名。

ニュージーランドのラベル

■クラウディー ベイ ソーヴィニヨン ブラン

ワイン名の下には国名が記載され、ラベルの下方には品種名とヴィンテージ、と極めてシンプル。ラベルに描かれているのは、このワインが生まれるマールボロ地区の風景で、「どんな場所でワインが生まれるか」を伝えている。

アルゼンチンのラベル

■テラザス レゼルヴァ マルベック 2018

こちらもいたってシンプル。生産名、マルベック種が単一で使われていること、国がアルゼンチンであることが一目瞭然。このワインも樽熟成させた「レゼルヴァ」で、「規定以上の熟成を経たワイン」であることを記している。

人気品種18の特徴を知る

ワイン選びで覚えておきたい品種

ワインの味を決定づける大切なものがブドウ品種です。この本では、世界中で造られ、人気が高い品種を「主要6品種」として、さらに、今日本でよく飲まれている12品種を紹介します。

ワインに使われるブドウ品種には、一般的に国際品種(インターナショナル品種)と、在来品種(伝統品種・土着品種・ドメスティック品種)と呼ばれるものがあります。国際品種はヨーロッパ(主にフランス)で造られている品種が世界に広まっていったもの、在来品種はある地域の気候風土に合っていたことから古くからそこにあり、大切にされてきた品種のことです。

右の表でいえば、赤はサンジョヴェーゼ種(イタリア)、マスカット・ベーリーA種(日本)、白は甲州種(日本)が在来品種で、ほかは国際品種です。中には、フランスが原産地でありながらも、「アルゼンチンの代表品種」として認識されているマルベック種やクロアチア生まれながらもカリフォルニアを代表する品種となったジンファンデル種の例もあります。ジンファンデル種は、イタリアではプリミティーボ種と呼ばれています。

●国際品種と在来品種、それぞれの魅力

品種で私が面白いと思うのは、それぞれの国のテロワールによって同じ品種でもワインの味わいが変わることです。たとえばシャルドネ種なら、寒い土地では酸味がキリリとして「イキイキとした」印象になり、温暖な土地ではトロピカルな香りで豊かな果実味になります。ですが、どちらにも洗練された味わいが感じられ、「だからこそ世界に広まったのかもしれない」などと思ったりします。

一方で、その国ならではの魅力が伝わるのが、「在来品種」です。有名なのはイタリアのサンジョヴェーゼ種（赤）と、スペインのテンプラニーリョ種（赤）でしょうか。どちらも「国際品種と何かが違う」という郷愁を感じるような優しい酸味があります。

近年では、カリフォルニアなどでイタリアのリボッラ・ジャッラ種（白）などを栽培する生産者も出てきました。在来品種も〝ボーダーレス〞になってきた感があります。

品種の個性がわかると、ワイン選びが楽しくなります。品種は、ワインの奥深い世界への案内役のようなもの。ぜひ「お気に入り」を見つけてください。

●人気品種の味わいチャート

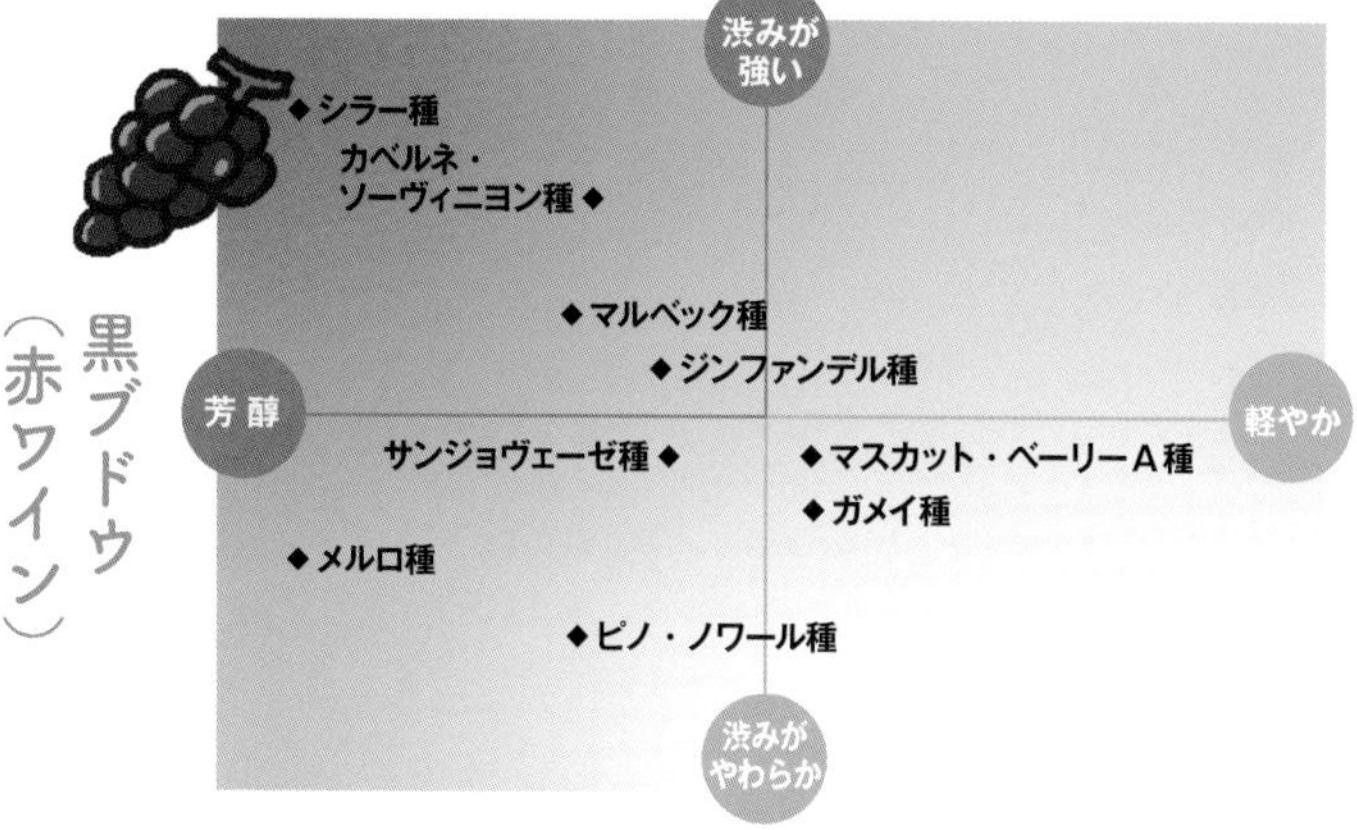

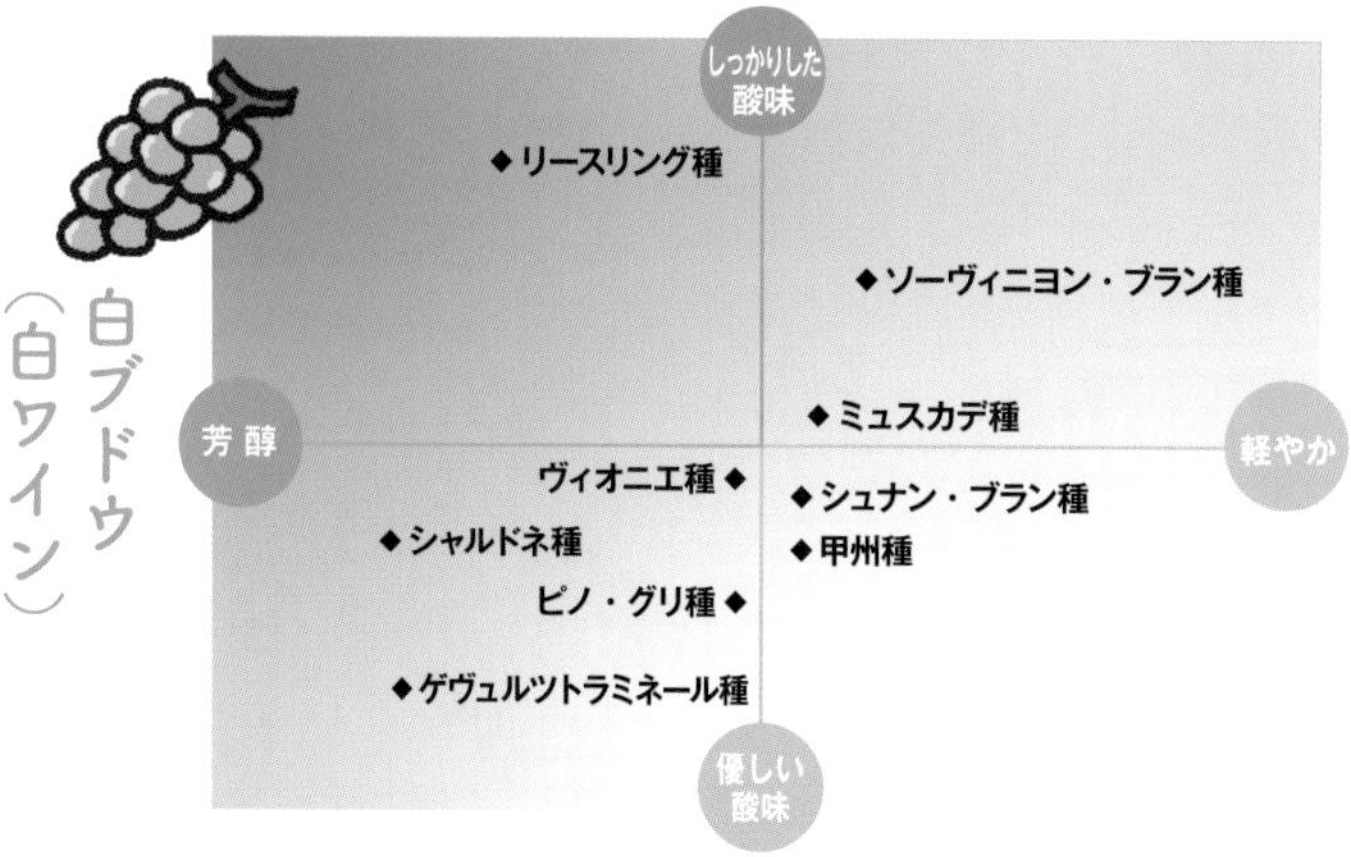

この「味わいチャート」は著者の個人的味覚によるものです。
自分自身のチャートを作り、好きな品種を見つけるのも楽しいと思います。

写真／NIPPON LIQUOR LTD.

赤ワイン品種 1

カベルネ・ソーヴィニヨン種

香り

ブルーベリー

カシス

クローブ

ピーマン

黒コショウ

甘草

キノコ

色合い

ダークな赤

主な栽培地

フランスを中心に、世界中に広がっている。フランスではボルドー地方やラングドック・ルション地方などの南部。アメリカ(カリフォルニア州)、イタリア、チリ、オーストラリア、日本など。

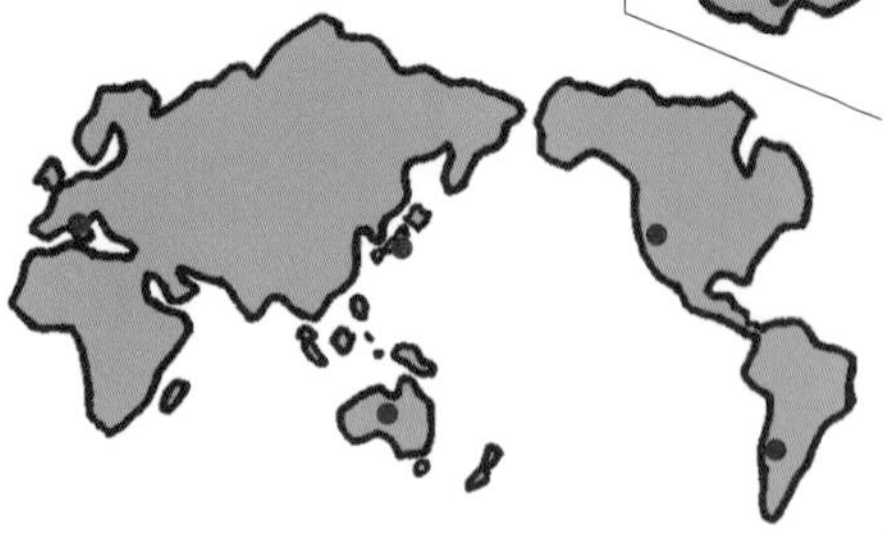

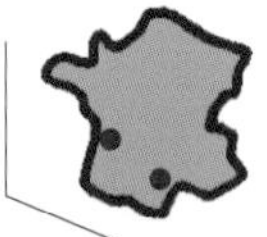

カベルネ・ソーヴィニヨン種が女性だったら…

堂々、“女王”の風格を醸し出す知的美女。
若いうちは近寄りがたい雰囲気をまとっているが、年を重ねると華やかさを増し、
このうえなくエレガントなマダムに。
“取り巻き”のプティ・ヴェルドや
カベルネ・フランと行動するときも、
いつもリーダーシップを取り、
存在感が際立っている。

特　徴

赤ワイン用ブドウ品種として最も有名で、「黒ブドウの王様」と呼ばれる。ブドウの果皮が厚く、タンニンが豊富で、完熟するとカシスやブルーベリーのような芳しい香りが生まれる。長期熟成に向き、熟成とともに香り豊かでやわらかく、複雑味のあるワインに仕上がる。

ボルドーでは深みのある“大人っぽい味”に。アメリカやチリでは豊かな果実味がストレートに感じられるものが多い。

赤ワイン品種 1

カベルネ・ソーヴィニヨン種

重厚感のある果実味と渋み。熟成によって魅力を増し、偉大なワインになる。

飲むとすぐわかるパワフルな重厚感。寒さや病害や害虫に強いなど、栽培の利点が多かったことから、世界で広く栽培されるようになりました。

代表的産地はフランス・ボルドー地方で、ほとんどがカベルネ・フラン種やプティ・ヴェルド種と合わせるブレンドスタイルです(5大シャトーもこのスタイル)。ほかの地域でも、カベルネ・ソーヴィニヨン種に自国の伝統品種を合わせてブレンドすることもあり、これは「ボルドースタイル」と呼ばれます。カリフォルニアやチリ、アルゼンチンなどの新世界では単一で使われることが多く、果実味の豊かさがストレートに楽しめる味わいになります。

「ボルドーのカベルネ・ソーヴィニヨン」は、一般的に高級ワインの代名詞であることが多く、実際、確実においしいものを飲もうとすると、ある程度の出費は覚悟しなくてはいけません。ただし、それに見合う感動を与えてくれるのが「ボルドーのカベルネ・ソーヴィニヨン」のすごさ。私は、家飲みの場合は「今日は特別」と自分に言い聞かせて、有名シャトーのセカンドラベルやサードラベル、あるいはクリュ・ブルジョワ級(106ページ)を狙います。

ボルドー以外の地域のものは、もっと気楽に飲めるのが魅力です。ボルドーをお手本に「追いつき、追い越せ」と頑張っている生産者が多く、しかもコストパフォーマンスは「大」。カリフォルニアやチリなどは果実味と酸味のバランスもよく、「フルーティーなカベルネ・ソーヴィニヨン」の魅力が楽しめます。

おすすめワイン

ボルドーらしい
品格を感じる味

シャトー・ルデンヌ・ルージュ2015

カシスやプルーンの香りとエレガントな果実味。スパイシーなニュアンス。ボルドー最古のシャトーのひとつ。偉大なワインを産出するメドック地区に位置。すき焼きや鰻に。

■品種／カベルネ・ソーヴィニヨン、メルロ
■生産地／フランス ボルドー地方
■生産者／シャトー・ルデンヌ
■3,630円　ハーフサイズ2,127円(参考価格／編集部調べ)
■問い合わせ／アサヒビール
TEL 0120-011-121(お客様相談室)

「アメリカ」を物語る“大御所”

ロバート・モンダヴィ プライベート・セレクション カベルネ・ソーヴィニヨン2019

ブラックチェリーやブルーベリーの香り。オーク樽で熟成しており、樽由来のバニラ香が感じられる。タンニンも豊か。アメリカを代表するワイナリー。ステーキやすき焼きと。

■品種／カベルネ・ソーヴィニヨン
■生産地／アメリカ カリフォルニア州
■生産者／ロバート・モンダヴィ
■2,915円(参考価格／編集部調べ)
■問い合わせ／メルシャン
TEL 0120-676-757

写真／ラック・コーポレーション

赤ワイン品種 2

ピノ・ノワール種

香り

チェリー

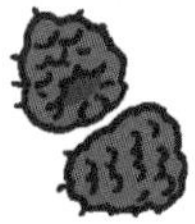
ラズベリー

カシス

シナモン

キノコ

森の下草

なめし革

色合い

透明感のある明るいルビー色

主な栽培地

フランス（ブルゴーニュ地方）を中心にドイツ、アメリカ（カリフォルニア州）、チリ、ニュージーランド、オーストラリア、南アフリカ、日本など全世界。フランスのシャンパーニュ地方でも主要品種のひとつ。

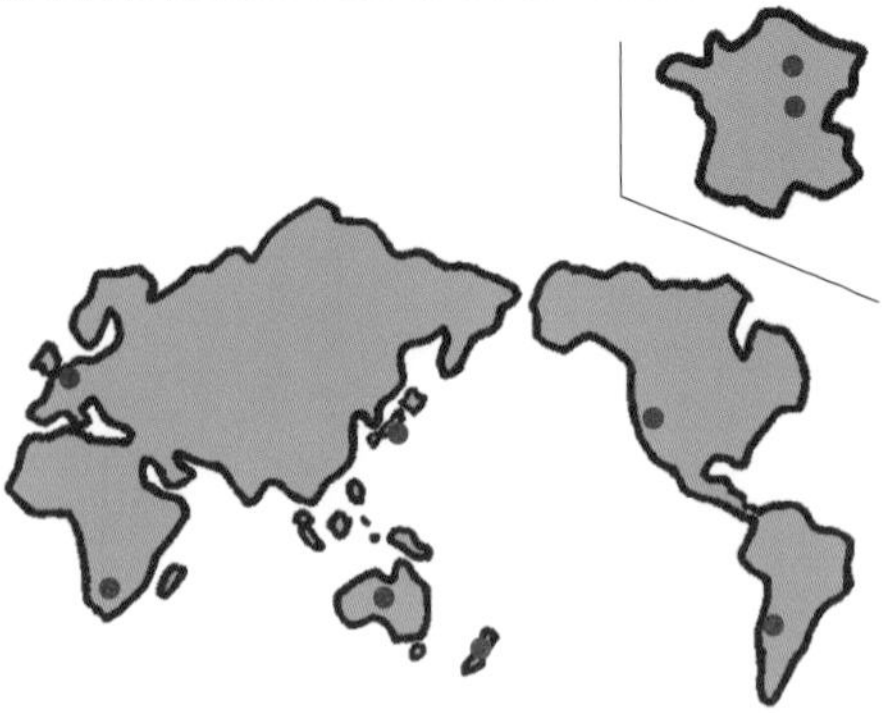

ピノ・ノワール種が女性だったら…

気品あふれるキュート系美女。
土壌によってキャラクターを
変える自在さも。
知性の中に
センシュアリティも感じさせ、
出会う人の多くが
ノックアウトされてしまう
罪つくりな一面も。

特　徴

皮が薄いので、タンニンはさほど強くなく、ルビー色の美しいワインに仕上がる。口当たりもなめらか。イチゴやチェリーなどのフルーティーな赤系果実の香りをもち、熟成するとなめし革(動物のような香り)やキノコ、紅茶などの香りが出てくるのも特徴。

ピノ・ノワール種

繊細な果実味と酸味。馥郁とした香り。多くが単一で使われる。

際立つのは優雅さと繊細さ。複雑で馥郁《ふくいく》とした香りとシルキーな飲み口で、一度その魅力を知ると一途な「ピノ・ノワール信奉者」になる人が多いのがこの品種です。

主要産地はフランスのブルゴーニュ地方で、この土地からは、「ロマネ・コンティ」をはじめとした世界最高峰のワインが生まれています。ヴォーヌ・ロマネやジュヴレ・シャンベルタン、ニュイ・サン・ジョルジュなどの村の名前がついたワインは、「名前を聞いただけでひれ伏したくなる」という愛好家も多くいます。高貴さと色っぽさを併せ持っていて、一度飲んだら忘れられなくなるおいしさ。この味が忘れられず、ワイン愛好家はピノ・ノワール種に魅了されてしまうのです。

ピノ・ノワール種は「ブルゴーニュか、それ以外の産地か」でワイン愛好家の評価が大きく分かれます。しかも安価なブルゴーニュを選ぶと、はずれてしまい、がっかりすることが多いのです。ワインは、よく「価格で味がわかる」と言われますが、ピノ・ノワール種はそれが顕著です。「家飲みには難しい品種」かもしれません。

　ピノ・ノワール種は、世界的人気が高い品種ということもあり、カリフォルニアやニュージーランド、オーストラリアなどでも造られています。日本では近年、北海道のピノ・ノワール種の品質向上が著しく、注目を浴びています。ブルゴーニュほどの複雑性はなくても、酸味がピュアで素直な果実味が楽しめるうえ、リーズナブルな価格なので、「家飲み」にぴったりです。

おすすめワイン

ピノ・ノワールに評価が高い造り手
**ハーン・ワイナリー
ピノ・ノワール
カリフォルニア 2019**

アメリカンチェリーとプラムの香り。バニラとスパイスのニュアンス、コクのある果実味。ハーブでグリルしたチキンやローストポークに。「日常のプレミアムワイン」に定評あり。

■品種／ピノ・ノワール
■生産地／アメリカ カリフォルニア州
■生産者／ハーン・ワイナリー
■2,695円
■問い合わせ／ワイン・イン・スタイル
TEL 03-5413-8831
https://www.wineinstyle.co.jp

老舗メゾンの〝王道の味〟
**ブルゴーニュ
ピノ・ノワール　2018**

サクランボの繊細な香り。果実味と酸味のバランスがよく、上品な味わい。ブドウは主に銘醸地コート・ド・ボーヌのものを使用。1880年創設の老舗で、優雅なスタイルにファン多数。

■品種／ピノ・ノワール
■生産地／フランス ブルゴーニュ地方
■生産者／メゾン・ジョゼフ・ドルーアン
■2,783円（ハーフサイズ1,557円）
■問い合わせ／三国ワイン
TEL 03-5542-3939

写真／NIPPON LIQUOR LTD.

赤ワイン品種 3

メルロ種

香り

ブルーベリー

プルーン

ダークチェリー

スミレ

ハーブ（ミント、レモングラスなど）

色合い

ダークな赤

主な栽培地

フランス（ボルドー地方を中心に、シュド・ウエスト地方、ラングドック・ルション地方）。イタリア、アメリカ（カリフォルニア州）、南アフリカ、チリ、アルゼンチン、日本（長野県）など。

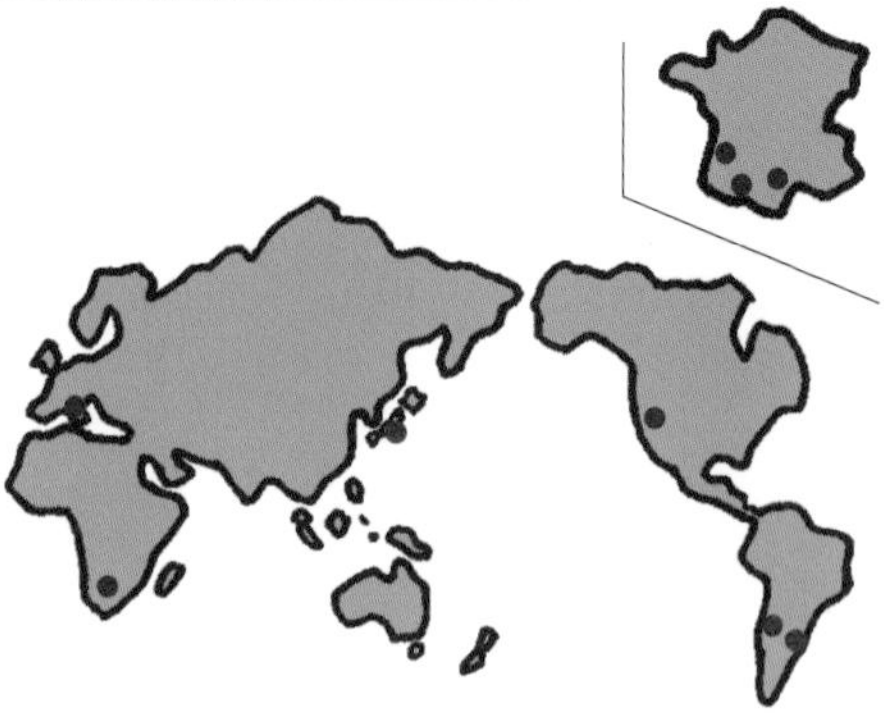

メルロ種が女性だったら…

優しく、やわらかな印象。(酸味が少なく)
いつも穏やかな笑みをたたえているイメージ。
ソロで活躍することも多いが、ボルドーでは
カベルネ・ソーヴィニヨン種とタッグを組んで、
「左岸(メドック)」ではカベルネ・ソーヴィニヨン種
のサポートに回る。
「右岸(サン・テミリオン&ポムロール)」では
堂々と主役を張れる美しさ。

特　徴

カベルネ・ソーヴィニヨン種同様、ボルドーの代表的品種。果皮は薄いが色が濃く、タンニンがやわらか。酸味も優しい。長期熟成に耐えるが若いワインでも飲みやすいのが魅力。プルーンやプラム、ダークチェリーなどの黒系果実の香りで、熟成するとなめし革やキノコ、土のような香りが顔を出す。

メルロ種

カベルネ・ソーヴィニヨン種の頼れる「相棒」。癒やしを感じるたっぷりとした優しい甘み。

　ふくよかでまろやかな果実味で、渋みも控えめ。口当たりも優しくなめらかなのが、メルロ種の印象です。単一で使われるとまろやかで飲みやすいワインに仕上がりますが、ワインを飲みなれた人には「穏やかすぎて……」と敬遠されることもあります（渋みが苦手な人にはおすすめです）。

　ところが、メルロ種はカベルネ・ソーヴィニヨン種とタッグを組むと、急に「大スター」になる確率が高くなります。それが顕著なのがフランス・ボルドーのメルロ種です。ジロンド川の左岸にあるメドック地区ではカベルネ・ソーヴィニヨン種の脇役に回って「やわらかな優しさ」を演出してくれますが、右岸のサン・テミリオン&ポムロール地区では「主役」となり、芳醇で優雅なワインになります。その一例が、世界的に人気が高い「ペトリュス」です。

「偉大なワイン」にもなれるメルロ種ですが、新世界では飲みやすいワインが多く、親しみやすいのも魅力です。「家飲み」レベルでも主役と脇役の違いが味わえるのがうれしく、ちょっと高価なボルドーのブレンドタイプでも、メルロ種主体のものは、３０００円以下でも多く見つかります。複雑性があり、ボルドーならではの魅力が楽しめます。また、単一で使われているワインは、たっぷりとした果実味が感じられ、その甘やかな味わいに癒やされます。

意外性があるのが和食との組み合わせで、醤油《しょうゆ》とみりん、ショウガを使った甘辛い味の煮魚や、根菜類の煮物などにも合います。

おすすめワイン

エレガントで「確かな味」

クラレンドル ルージュ2016

５大シャトーのひとつ「シャトー・オー・ブリオン」の醸造チームが手がける。カシスやブルーベリーの香り。豊かな果実味となめらかなタンニン。ローストビーフなどに。

■品種／メルロ主体、カベルネ・ソーヴィニヨン、カベルネ・フランをブレンド
■生産地／フランス ボルドー地方
■生産者／クラレンドル（クラレンス・ディロン・ワインズ）
■3,300円（ハーフボトル1,760円）
※ハーフは2017ヴィンテージ
■問い合わせ／エノテカ
TEL 0120-81-3634
https://www.enoteca.co.jp

たっぷりとした果実味が魅力

デコイ メルロ

カリフォルニアで「メルロの名手」と謳われる「ダックホーン」傘下のワイナリー。ブラックチェリーやチョコレートのアロマ。やわらかなタンニンはベルベットのよう。肉料理全般に。

■品種／メルロ主体にカベルネ・ソーヴィニヨンとカベルネ・フランをブレンド
■生産地／アメリカ カリフォルニア州
■生産者／デコイ（ダックホーン・ワイン・カンパニー）
■3,190円
■問い合わせ／中川ワイン
TEL 03-3631-7979

写真／ラック・コーポレーション

白ワイン品種 1

シャルドネ種

香り

洋梨

レモン

リンゴ

アーモンド

ハチミツ

ブリオッシュ

ヘーゼルナッツ

ハーブ
（レモングラス、レモンバーベナなど）

色合い

透明感のある白～クリームがかった白

主な栽培地

フランス（ブルゴーニュ地方を中心に、シャンパーニュ地方、プロヴァンス地方）。アメリカ（カリフォルニア州、オレゴン州）、カナダ、チリ、アルゼンチン、南アフリカ、オーストラリア、ニュージーランド、日本など。

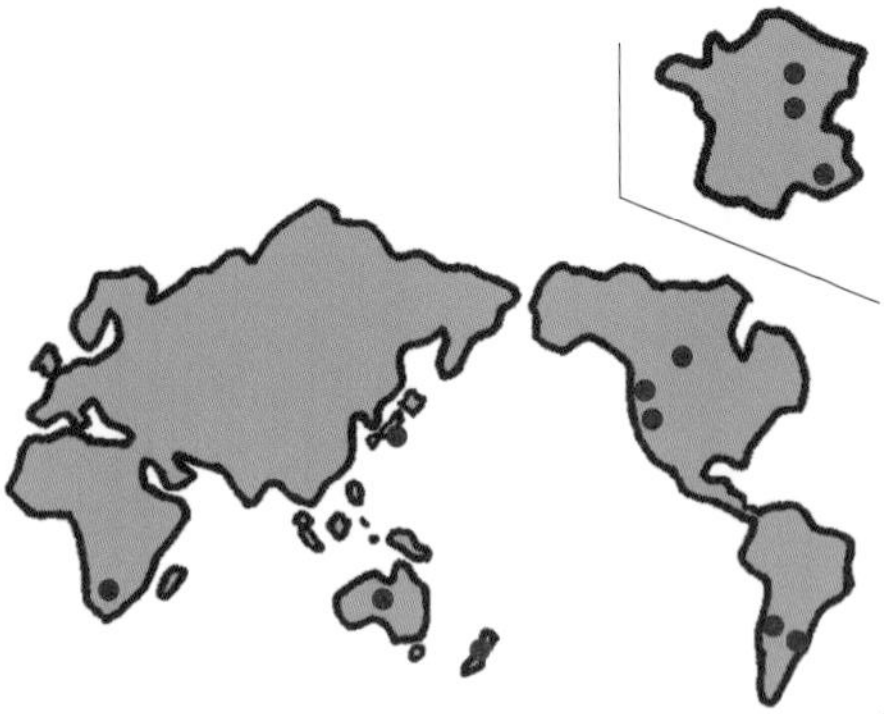

シャルドネ種が
女性だったら…

清潔感に満ちた清楚美女。
コミュニケーションに優れ、
どんな人、どんな土地でも
素晴らしい適応力を見せる。
“本家”ブルゴーニュのシャルドネは
色っぽさも感じさせる。

特　徴

淡い緑色の果皮と小粒の実。早くに熟し、寒冷地でも育つことから、世界中で栽培されている。ブドウそのものは「個性がない」と言われ、それゆえ、テロワール（気候や土壌の個性）や造り手によって、バラエティに富んだ味わいになる。白い花や柑橘類の香りが特徴的だが、熟成するとハチミツやバニラなどの香りが顔を覗《のぞ》かせる。

白ワイン品種 1

シャルドネ種

柑橘の香りとフレッシュ感。栽培地によって味と香りが異なる「七変化」が楽しい。

白ブドウでよく知られているのがシャルドネ種です。酸味がイキイキとしてフレッシュで、ミネラル感が豊か。「白ワインの女王」と言われますが、香りがフローラルで、どこか清潔感があり、女王というより「姫」の印象です。

シャルドネ種の大きな特徴は、「変幻自在にキャラクターを変えること」。気候や土壌の違いなど、テロワールによって香りや味が変わります。たとえば、寒冷な産地では青リンゴやレモンなどの香りを感じますが、暖かい産地ではパイナップルなどトロピカルフルーツの香りを放ちます。フランス・ブルゴーニュの中だけでもその傾向が顕著で、石灰質土壌のシャブリ地区ではキリリとした味わいに、石灰質や砂利質、泥灰質が複雑に入り組み、日照時間も長いシャサーニュ・モンラッシェ村では豊満でやわらかに仕上がります。

シャルドネ種の最高峰と評されるのがブルゴーニュ地方コート・ド・ボーヌ地区の「コルトン・シャルルマーニュ」「モンラッシェ」「ムルソー」などで、これらの村名がついたワインを飲んでシャルドネ好きになった人は後をたちません。

「家飲み」で楽しむなら、カリフォルニア州のソノマやニュージーランド、日本などのシャルドネ種も世界的評価が高く、しかもリーズナブルなものが多いのでおすすめです。酸味がきちんとあり、料理との親和性を高めてくれます。グラタンやドリアなどのクリーム系の料理と合います。酸味が苦手な人は、チリの果実味豊かなタイプに注目してみてください。

おすすめワイン

コスパ絶大な"優等生"

プライベートビン シャルドネ 2020

洋梨やアプリコットの香り。豊かな果実味がストレートに感じられ、酸味も心地よい。若々しく、ジューシーなシャルドネ。ニュージーランドで大人気のブランド。白身魚のホイル焼きやパスタ、サラダなどに。

■品種／シャルドネ
■生産地／ニュージーランド イーストコースト
■生産者／ヴィラマリア
■2,200円
■問い合わせ／木下インターナショナル
TEL 075-681-0721
https://pontovinho.jp

気品あふれる"王道シャルドネ"

ブルゴーニュ シャルドネ 2018

白い花やライム、白桃の香り。豊かな果実味とピュアな酸味のバランスがよく、複雑さを感じる味。余韻も長く、エレガント。1825年設立、7代続くグラン・メゾン。塩の焼き鳥や鶏のクリーム煮と相性抜群。

■品種／シャルドネ
■生産地／フランス ブルゴーニュ地方
■生産者／フェヴレ
■3,080円　ハーフサイズ1,870円
■問い合わせ／ラック・コーポレーション
TEL 03-3586-7501
https://order.luc-corp.co.jp

写真／NIPPON LIQUOR LTD.

白ワイン品種２

ソーヴィニヨン・ブラン種

香り

グレープフルーツ

レモン

ライム

パイナップル

ジャスミン

ハーブ全般

色合い

透明感のある白～緑がかった白

主な栽培地

フランス（ボルドー地方、ロワール地方、ラングドック・ルション地方）。スペイン、イタリア、オーストラリア、ニュージーランド、カリフォルニア、チリ、日本など。

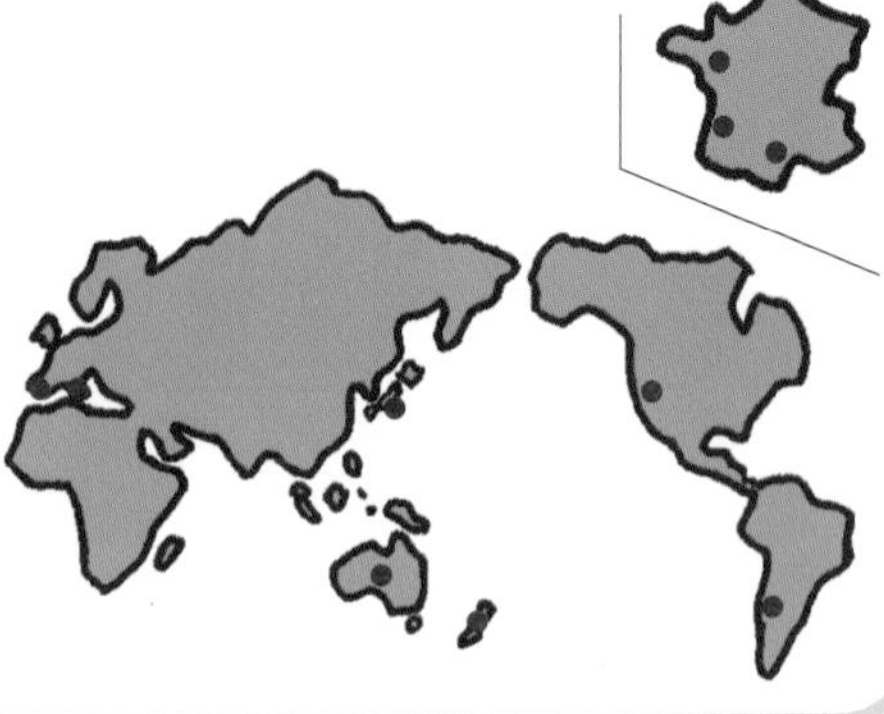

ソーヴィニヨン・ブラン種が女性だったら…

爽やかで、さっぱりした気性の
スポーティ美女。
彼女の行くところ、いつも涼し気な風が
吹いているかのよう。
すれ違うと、ハーブや
グレープフルーツの香りが。

特　徴

淡い緑色で果皮は小さめ。きれいな酸味とハーブの香りをもち、フレッシュ感に満ちた辛口ワインになり、総じてすっきりした味わい。レモンの香りが際立つスタイル、スモーキーなニュアンスのものも。ボルドー地方ではセミヨン種とブレンドされ、優しい味わいのワインができる。

白ワイン品種 2

ソーヴィニヨン・ブラン種

フレッシュな酸味が際立ち、どこまでも爽やかな味。レモンとハーブの香りが特徴。

グレープフルーツやライムの柑橘類や、レモンバームなどのハーブの香りをもち、どこまでも爽やかでフレッシュ。それがソーヴィニヨン・ブラン種の魅力です。同じ白品種でも、シャルドネ種は育った土地や造り方によって、ちょっとオイリーなニュアンスを感じさせることがありますが、ソーヴィニヨン・ブラン種は「とにかく爽やか」。いつも溌溂《はつらつ》としている印象です。

フランスではボルドー地方やロワール地方、ほかの国ではニュージーランド、イタリア、オーストラリア、チリなどで造られています。ボルドー地方ではセミヨン種とブレンドして使われることが多く、そのほかの地域ではたいてい単一で使われます。

また、カリフォルニアでは「フュメ・ブラン」と呼ばれることもあります。これは、正式な品種名ではなく、カリフォルニアワイン界の大御所であった故ロバート・モンダヴィ氏が、カリフォルニアのソーヴィニヨン・ブラン種をフランス・ロワール地方の人気白ワイン「プイィ・フュメ」になぞらえた造語です。

フレッシュ感が魅力の品種であるため、熟成させることはあまりありません。「早飲みタイプ」で、価格もリーズナブルなものが多いのも「家飲み」に向いています。特に、ニュージーランドのソーヴィニヨン・ブラン種は世界的評価が高く価格も「かわいい」ので、見逃せません。すっきりとした味わいで、料理との相性も守備範囲が広く、「家飲み」の楽しさが広がります。夏はキンキンに冷やして、お風呂上がりの1杯で楽しむのもおすすめです。

おすすめワイン

チリの品格ある
ソーヴィニヨン・ブラン

ラポストール ソーヴィニヨン・ブラン 2018

レモンやライム、白桃の香り。フレッシュで伸びやかな酸味。1994年創業、チリのテロワールを生かしたエレガントなスタイルに定評あるワイナリー。シーフードのマリネや貝の酒蒸しなどに。

■品種／ソーヴィニヨン・ブラン
■生産地／チリ ラペルヴァレー
■生産者／ラポストール
■2,365円
■問い合わせ／ファインズ
TEL 03-6732-8600

名門シャトーのスタイルを
気軽に楽しむ

ミッシェル・リンチ・ブラン 2019

トロピカルフルーツやレモングラスの香り。酸味もフレッシュ。メドック第５級「シャトー・ランシュ・バージュ」の醸造チームが監修。青っぽい香りがあるので、野菜サラダや山菜の天ぷらとの相性は抜群。

■品種／ソーヴィニヨン・ブラン
■生産地／フランス ボルドー地方
■生産者／JMカーズ・セレクション
■1,856円　ハーフサイズ1,104円
(参考価格／編集部調べ)
■問い合わせ／アサヒビール
TEL 0120-011-121(お客様相談室)

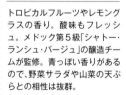

白ワイン品種3

リースリング種

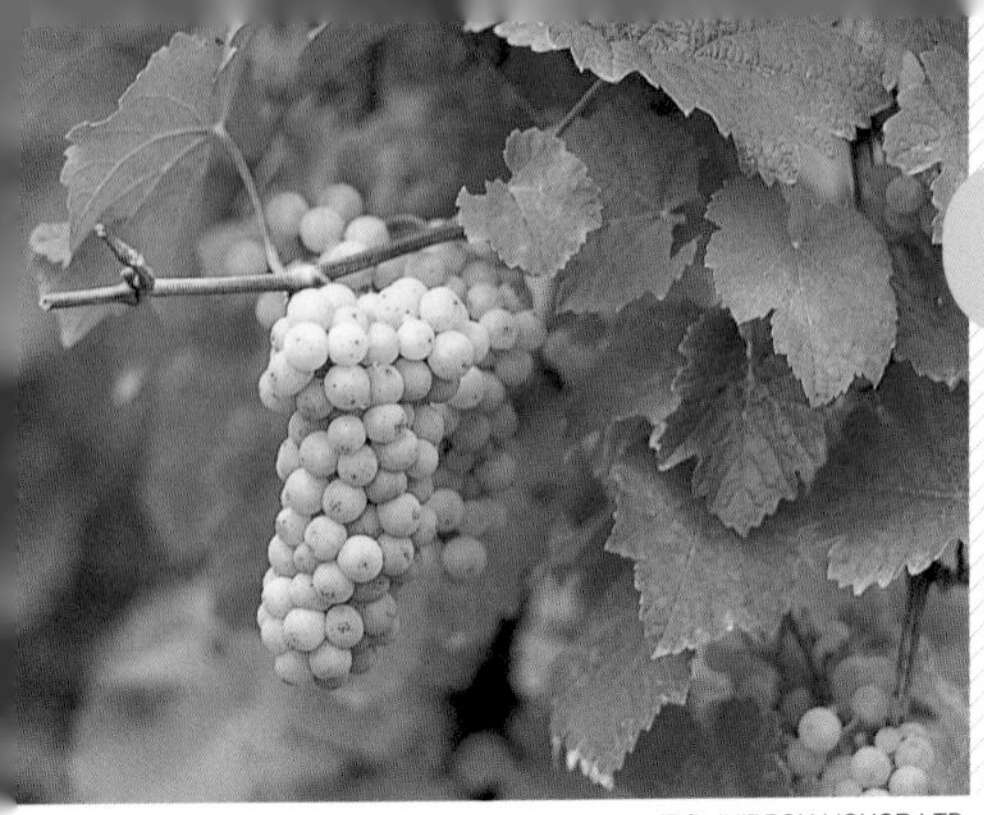

写真／NIPPON LIQUOR LTD.

香り

レモン

ライム

リンゴ

菩提樹

ミント

色合い

透明感のある白

主な栽培地

ドイツ、フランス（アルザス地方）。オーストリア、オーストラリア、ニュージーランド、アメリカ（カリフォルニア州、ニューヨーク州）、カナダ、日本など。

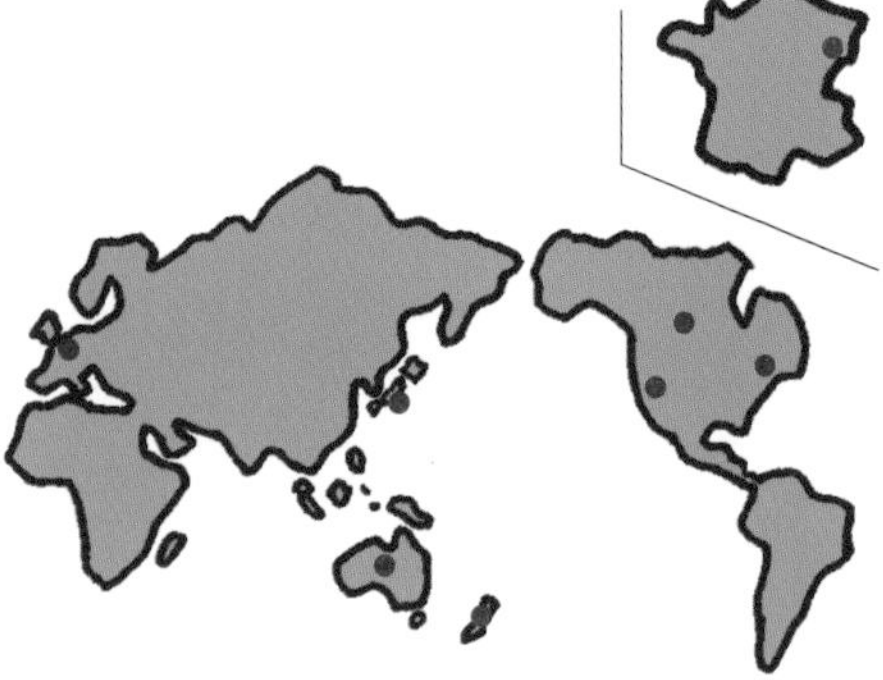

リースリング種が女性だったら…

時に爽やかで、時に甘やか。
まったくお高くとまらず、
親しみやすさも抜群。
そのナチュラルなかわいらしさ
に魅了される人が続出。
アルザスとドイツのリースリングは、
パリコレ・モデル級の美しさ。

特　徴

ドイツ原産の白ブドウで、豊かな酸と柑橘類の華やかな香りが特徴。

ミネラルも豊富で、レモンの香りが際立つ。石や塩のニュアンスを感じるものも。すっきりした味わいのものからオイリーなニュアンスのものまで。単一で使われることが多く、辛口、半甘口、甘口など味わいもバラエティに富んでいる。

白ワイン品種 3

リースリング種

甘酸っぱい柑橘類の香りとキリリとした酸味。極甘口のワインにもなる。

香りはフルーティーで甘いのに、酸味とミネラルが豊かで、キリリと辛口。この品種は高い酸度をもち、栽培される土地によって酸味の強弱や香り、味わいなどが違ってきます。ドイツなどの冷涼な地域では青リンゴのような香りをもちますが、ドイツより少し暖かいアルザスやオーストリアなどでは日照時間が少し長いため、よりブドウが熟し、白桃やアプリコットなどの甘い香りを放ちます。辛口でありながらどこか甘酸っぱいニュアンスがあるのが、この品種の大きな魅力です。生産地はドイツとフランス・アルザス地方が二大産地と言えますが、オーストリアやオーストラリア、ニュージーランド、カナダやアメリカ・ニューヨーク州でも造られています。

リースリング種は、その多くが辛口ですが、ドイツやカナダでは貴腐ブドウ（ボトリティス・シネレア菌の働きで糖度が高くなったブドウ）を使った甘口の貴腐ワインや、冬、寒気の中で凍った状態で収穫したブドウを使った極甘口のアイスワインなども造られています。

リースリング種の楽しさは、料理とのペアリングの幅広さにあります。ポトフなどの鍋もの、肉料理など多くの料理に合いますが、意外な相性に驚くのがベトナムやタイなどのエスニック料理です。リースリング種独特の甘酸っぱい果実味が辛みに寄り添い、「甘酸っぱくて辛い」味を楽しませてくれます。スイーツとの相性もよく、レモンタルトやアップルパイなどとも合います。3000円以下でも上質なものが多いので、まさに「家飲み」向きの品種です。

おすすめワイン

安定感のある味わいは
実力ある老舗ならでは

トリンバック
リースリング 2019

レモンやアプリコットの香りが華やか。爽やかな果実味とキレのある酸味。ちらし寿司や刺身、魚介のフリットに。1626年創業の老舗で、星付きレストランなどで使われている。

■品種／リースリング
■生産地／フランス アルザス
■生産者／トリンバック
■2,530円
■問い合わせ／エノテカ
TEL 0120-81-3634
https://www.enoteca.co.jp

フルーツと合わせてもおいしい!

ジェイコブス クリーク
リースリング

グリーンがかった色合いが美しい。レモンやライムの香りとフレッシュな酸味。ミネラル感も爽やか。オーストラリアで広く愛されるブランド。天ぷらや生春巻き、パクチーのサラダにも。

■品種／リースリング
■生産地／オーストラリア 南オーストラリア州
■生産者／ジェイコブス・クリーク
■1,441円
(ハーフサイズ869円)
■問い合わせ／ペルノ・リカール・ジャパン
TEL 03-5802-2756

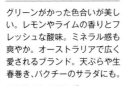

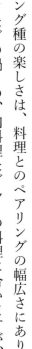

写真／E. ギガル

赤ワイン品種 4

シラー種

香り

ブルーベリー

プルーン

黒コショウ

クローブ

ナツメグ

なめし革

色合い

黒に近いダークな赤

主な栽培地

フランス（ローヌ地方、シュド・ウエスト地方）、アメリカ（カリフォルニア州）、イタリア、オーストラリア、ニュージーランド、チリなど。
※オーストラリアでは「シラーズ」と呼ばれる。

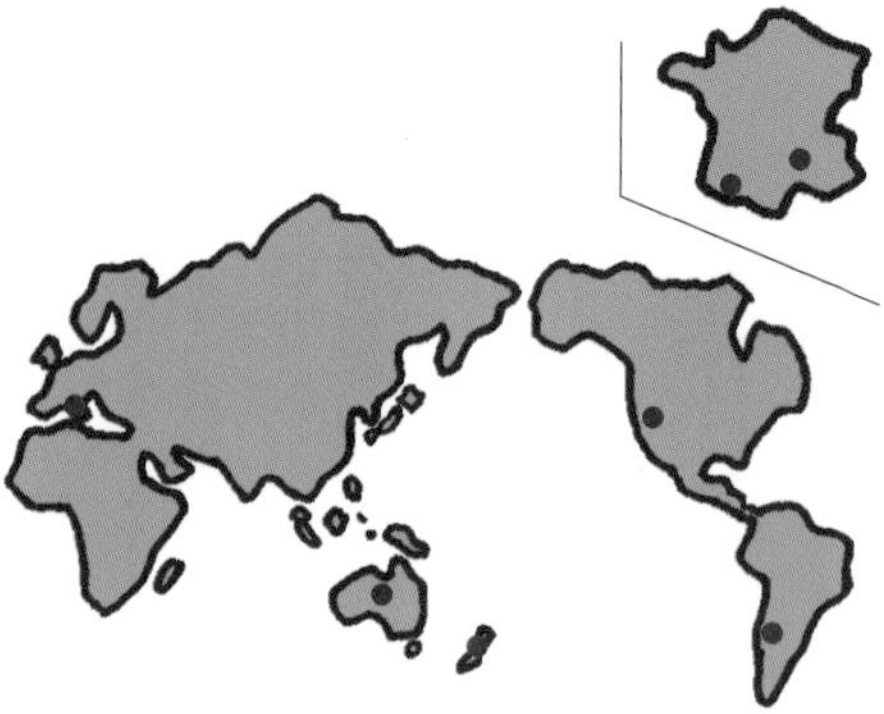

シラー種が女性だったら…

頼りになる、おおらかな体育会系女子。
一見逞しそうにみえても、時に繊細で
センチメンタル。まだ自分の魅力に気づいていない。
「私、モテないし……」が口ぐせ。しっかりした
味わいでスパイスのニュアンス。力強さを感じる赤。

特　徴

タンニンは中くらいの強さ。なめらかでコクのある果実味とコショウやナツメグなどのスパイシーな香りが特徴。単一で使われことが多いが、グルナッシュ種などとブレンドされることも。

おすすめワイン

「シチリアの太陽」を
感じるシラー

**シラー テッレ
シチリアーネ IGT 2019**

カシスやブルーベリーなど黒系果実の香り。骨太で芳醇な果実味にキリリとした酸味が溶け込む。2000年に創業の若いワイナリーながら、権威あるイタリアのワイン誌に高評価を受け、一気にブレイク。

■品種／シラー
■生産地／イタリア シチリア州
■生産者／クズマーノ
■1,375円
■問い合わせ／フードライナー
TEL 078-858-2043

オーストラリアの名門の
妙味を楽しむ

**クヌンガ・ヒル
シラーズ・カベルネ 2019**

ラズベリーやシナモンの香りとダークチョコレートのニュアンス。シラーズの力強さとカベルネ・ソーヴィニヨンの優雅さが溶け込んだブレンドタイプ。単体よりやわらかに仕上がる。

■品種／シラーズ、カベルネ・ソーヴィニヨン
■生産地／オーストラリア 南オーストラリア州
■生産者／ペンフォールズ
■2,200円
■問い合わせ／日本リカー
TEL 03-5643-9770
https://drinx.kirin.co.jp

写真／Inter Beaujolais

赤ワイン品種 5

ガメイ種

香り

チェリー

イチゴ

ラズベリー

梅

スグリ

ジャスミン

スミレ

色合い

明るく透明感のあるルビー色

主な栽培地

フランス（ボジョレー地方、ロワール地方）、スイスなど。

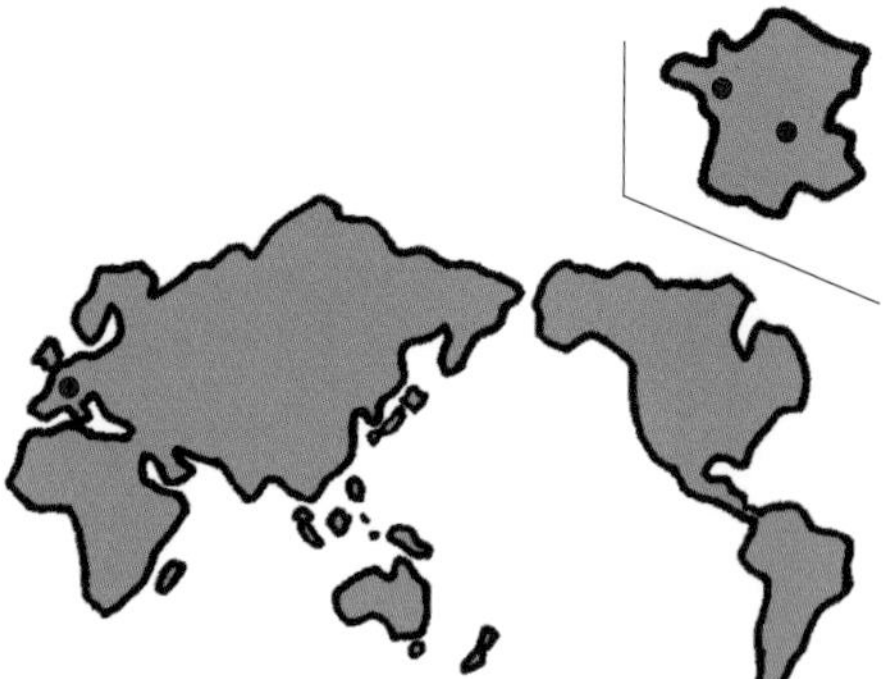

ガメイ種が女性だったら…

素直で話しやすく、親しみやすいキュートな子。

「熟成するとピノ・ノワールに似てるね」と言われることが多いが、うれしさ半分、くやしさ半分。

「だって、私、ガメイだから」。

イチゴと梅の香りが魅力的で和食に合う。

特　徴

フレッシュでジューシー、タンニンが少なめで、果実味も軽やか。「ボジョレー・ヌーヴォー」の品種として知られる。酸味もイキイキとしている。

おすすめワイン

しなやかで引きしまった
ボディが魅力

モルゴン レ リュイエール 2018

ラズベリーなど赤い果実のアロマとしなやかなタンニン。樹齢50年の古木から生まれる味は、力強くも繊細。「テロワールの表現」を大切にする生産者で、地元での評価が高い。

■品種／ガメイ
■生産地／フランス ボジョレー
■生産者／ドメーヌ・シャサーニュ
■2,640円
■問い合わせ／稲葉
TEL 052-301-1441

華やかなルビー色が印象的

ムーラン・ナ・ヴァン 2014

チェリーやスミレの香り。豊かな果実味と優しい酸味がバランスよく調和し、奥深い味わい。軽めの牛肉料理やチーズと。1832年設立の老舗で、世界中の航空会社30社に採用された実績を持つ。

■品種／ガメイ
■生産地／フランス ボジョレー
■生産者／ラブレ・ロワ
■2,868円
■問い合わせ／サッポロビール
TEL 0120-207-800（お客様センター）

写真／日欧商事

赤ワイン品種 6

サンジョヴェーゼ種

香り

ブラックチェリー

ブルーベリー

スグリ

スミレ

タイム

ローズマリー

黒コショウ

色合い

紫がかった明るいルビー色

主な栽培地

イタリア（トスカーナ州、ウンブリア州、カンパーニア州）、アメリカ（カリフォルニア州）、アルゼンチン、チリ、オーストラリア、フランス（コルシカ島）。
※コルシカ島では「ニエルッキオ」と呼ばれる。

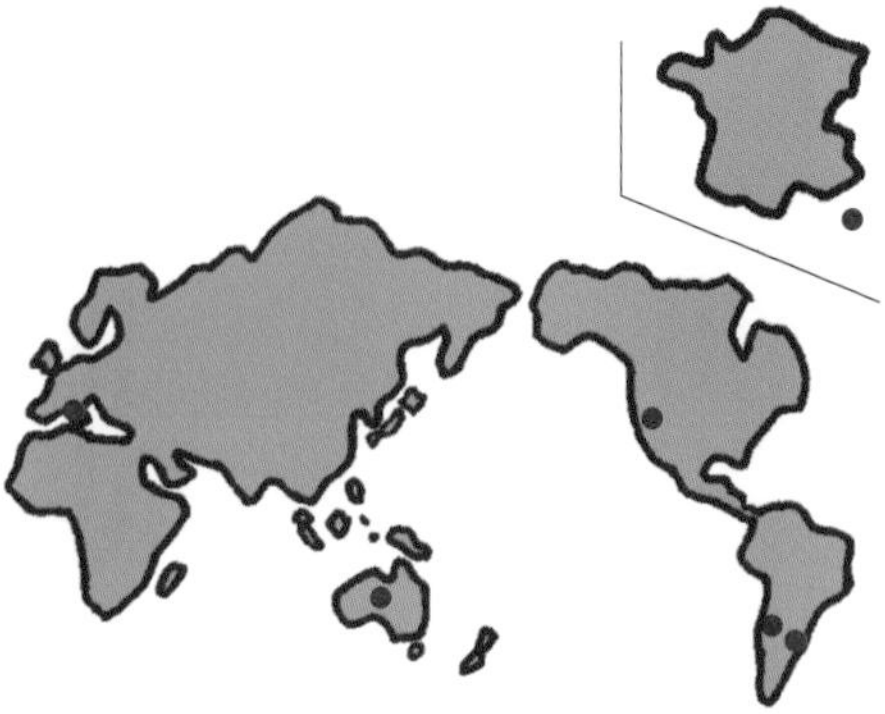

サンジョヴェーゼ種が女性だったら…

イタリア・トスカーナ出身の気品ある美女。
イタリア版カベルネ・ソーヴィニヨン。
若い頃はチャーミング、年を重ねると
芳醇さと繊細さが顕著にあらわれる。

特　徴

イタリア中部の伝統品種。有名な「キャンティ」に使われているのはこの品種。しっかりとしたタンニンとキリリとした酸味をもつ。名前はローマ神話の主神・ジュピター(ジョヴェ)の血に由来。

おすすめワイン

飲みやすく、優しい口当たり

サンジョヴェーゼ テッレ・ディ・キエティ 2018

フルーティーな果実味と軽やかなタンニン。樽からくるバニラの香りの印象も。口当たりもやわらか。イタリア料理全般やシンプルに焼いた赤身肉などに。イタリアではコストパフォーマンスのよいワインとして人気。

■品種／サンジョヴェーゼ
■生産地／イタリア アブルッツォ州
■生産者／グラン・サッソ
■1,650円
■問い合わせ／日本リカー
TEL 03-5643-9770

洗練されたブレンドスタイル

サンタ・クリスティーナ・ロッソ 2019

チェリーなどの赤い果実の香りとバラの華やかな香り。果実味と酸味のバランスも秀逸。14世紀から続く名門アンティノリ家が手がける。鶏肉のトマト煮込みやボロネーゼなどに。

■品種／サンジョヴェーゼ主体にカベルネ・ソーヴィニヨン、メルロ、シラーをブレンド
■生産地／イタリア トスカーナ州
■生産者／サンタ・クリスティーナ
■1,760円
■問い合わせ／エノテカ
TEL 0120-81-3634
https://www.enoteca.co.jp

©Alamy Stock Photo/amanaimages

赤ワイン品種 7

マルベック種

香り

ダークチェリー

ブルーベリー

プルーン

スミレ

黒コショウ

なめし革

色合い

パープルを帯びたダークな赤

主な栽培地

フランス（ボルドー地方、シュド・ウエスト地方）、アルゼンチン、チリ、アメリカ（カリフォルニア州）など。

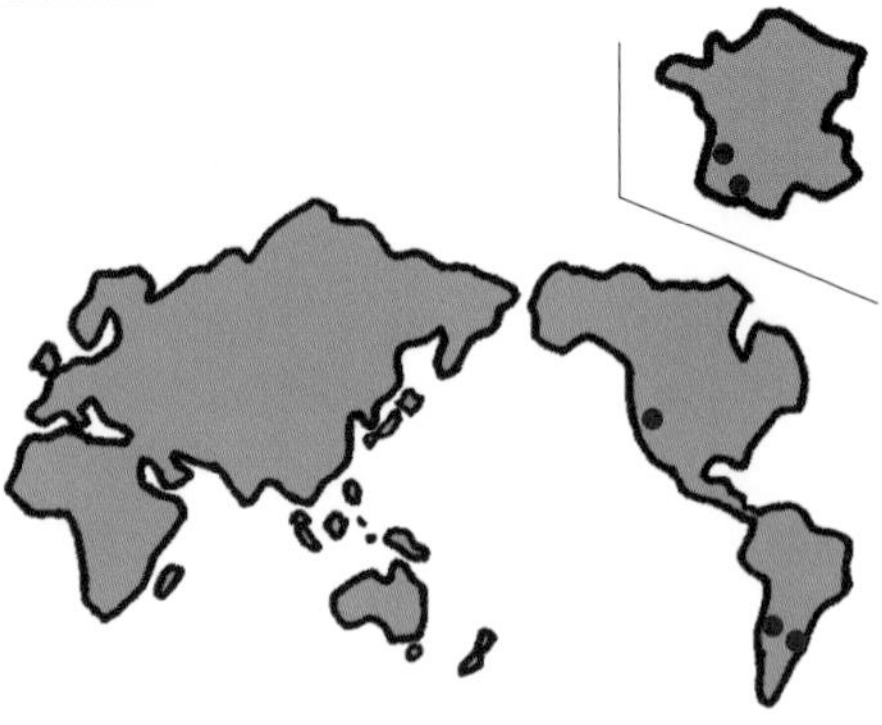

マルベック種が女性だったら…

顔だちくっきり、
一見派手な風貌ながら
その実繊細で、奥ゆかしい美女。
コクがあり、芳醇ながらまろやか。

特　徴

凝縮感を感じさせる強めのタンニンと力強い酸味。果実味はジューシー。かつては安価なブレンドワインに使われることが多かったが、近年ではエレガントなマルベックも続々誕生している。

おすすめワイン

果実味の「ピュアさ」が際立つ

テラザス レゼルヴァ マルベック 2018

アロマティックなスミレの香りとコンフィしたダークチェリーのような甘やかなニュアンス。アンデス山脈の雪どけ水で育まれるブドウはピュアな果実味。赤身肉のステーキなどに。

■品種／マルベック
■生産地／アルゼンチン メンドーサ州
■生産者／テラザス
■2,750円
■問い合わせ／MHD モエ ヘネシー ディアジオ
TEL 03-5217-9788（モエ ヘネシーワイン）

スタイリッシュなマルベック

ヴィーニャ・コボス・フェリーノ マルベック メンドーサ 2019

プルーンのアロマ。丸みのある果実味と繊細な酸味。カリフォルニアの天才醸造家ポール・ホブス氏がアルゼンチンで造るプレミアムな「ヴィーニャ・コボス」のカジュアルライン。

■品種／マルベック
■生産地／アルゼンチン メンドーサ州
■生産者／ヴィーニャ・コボス
■2,420円
■問い合わせ／ワイン・イン・スタイル
TEL 03-5413-8831
https://www.wineinstyle.co.jp

写真／カリフォルニアワイン協会

赤ワイン品種 8

ジンファンデル種

香り

ダークチェリー

ブルーベリー

スグリ

黒コショウ

クミン

色合い

ダークな赤

主な栽培地

アメリカ（カリフォルニア州）、イタリア、オーストラリアなど。
※イタリアでは「プリミティーヴォ」と呼ばれる。

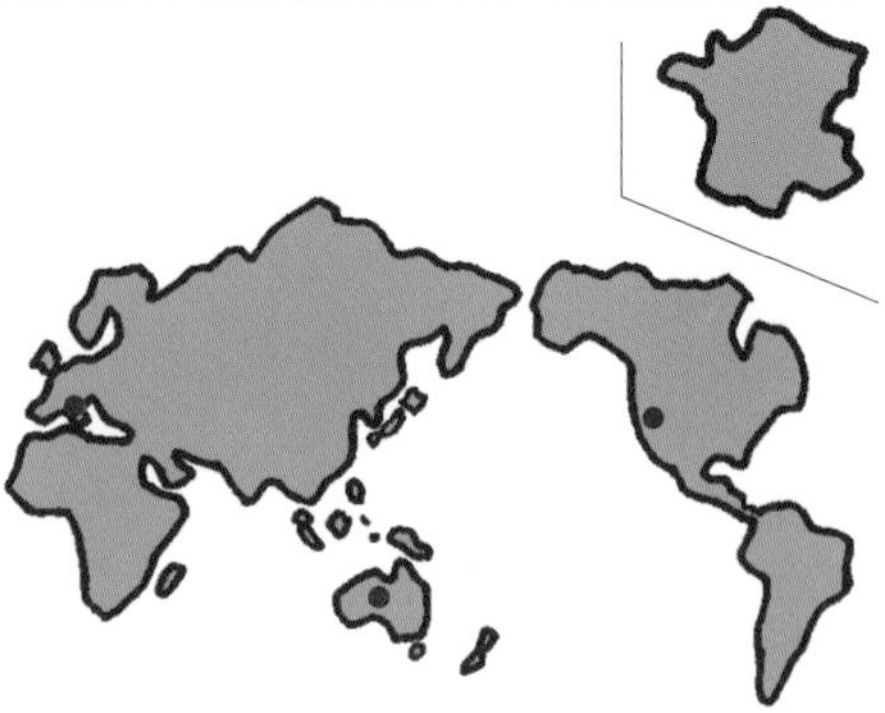

ジンファンデル種が女性だったら…

「あの子、キャラ濃いよね」と評判。
キャラが強いのは自覚しているが、
「野性的」と言われることには納得していない。
おしゃべりでダイナミック、気のいいアネゴ肌。
赤いベリーを食べたような果実味。
ちょっと野性的だが、焼肉にはばっちり。

特　徴

力強いタンニンとジューシーな果実味。重厚感のある味わいで、酸味もきちんとあり、甘酸っぱさを感じることも。

おすすめワイン

口当たりよく、ジューシー。

**NVペッパーウッド・グローヴ
オールド・ヴァイン
ジンファンデル カリフォルニア**

ブラックベリーやココナッツのアロマ。果実味豊かでジューシー、タンニンもなめらか。コストパフォーマンスのよさは抜群。

■品種／ジンファンデル主体にプティット・シラーなどをブレンド
■生産地／アメリカ カリフォルニア州
■生産者／ドン・セバスチャーニ＆サンズ
■1,738円
■問い合わせ／ワイン・イン・スタイル TEL 03-5413-8831
https://www.wineinstyle.co.jp

「自由を得た新時代の女性」を象徴するラベル

**サイクルズ グラディエーター
ジンファンデル
カリフォルニア 2019**

たっぷりのフルーツ感と黒コショウやナツメグの香り。ラベルはベル・エポック時代のポスターをもとに、当時の発明品と自由を得た女性が描かれている。

■品種／ジンファンデル
■生産地／アメリカ カリフォルニア州
■生産者／ワイン・フーリガンズ
■2,035円
■問い合わせ／ワイン・イン・スタイル
TEL 03-5413-8831
https://www.wineinstyle.co.jp

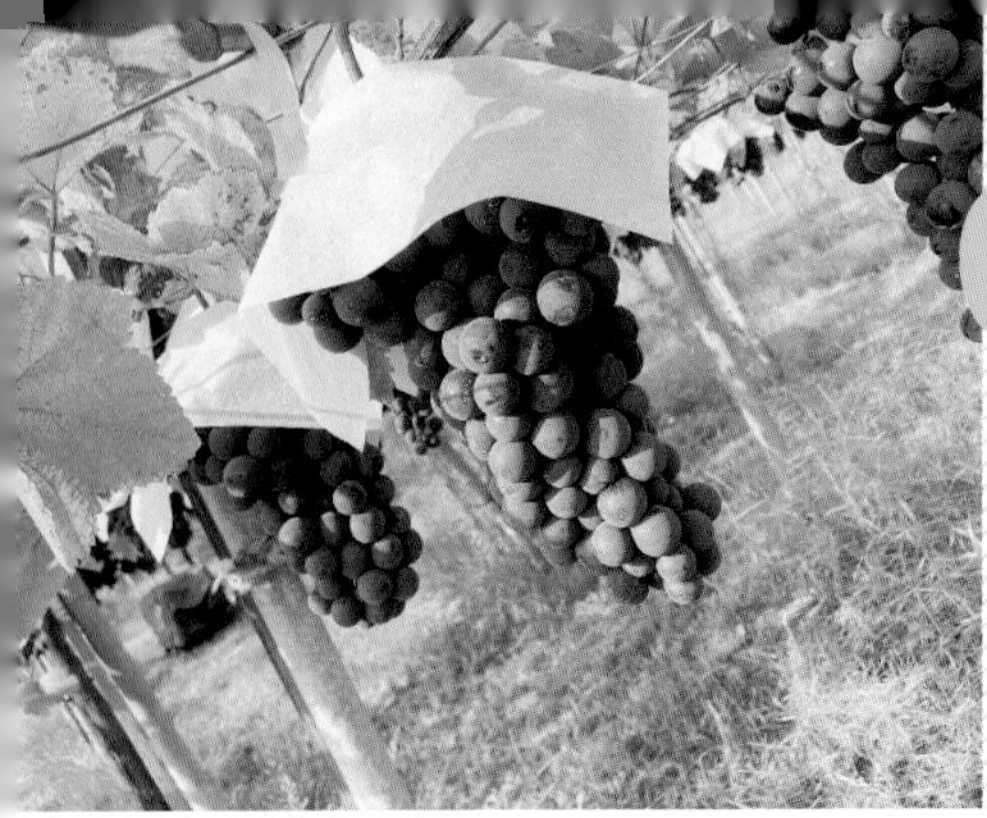

写真／サントリーワインインターナショナル

赤ワイン品種 9

マスカット・ベーリーA種

香り

イチゴ

ラズベリー

クランベリー

キャンディ

綿あめ

シダ類

色合い

少し黒みがかった明るい赤

主な栽培地

日本

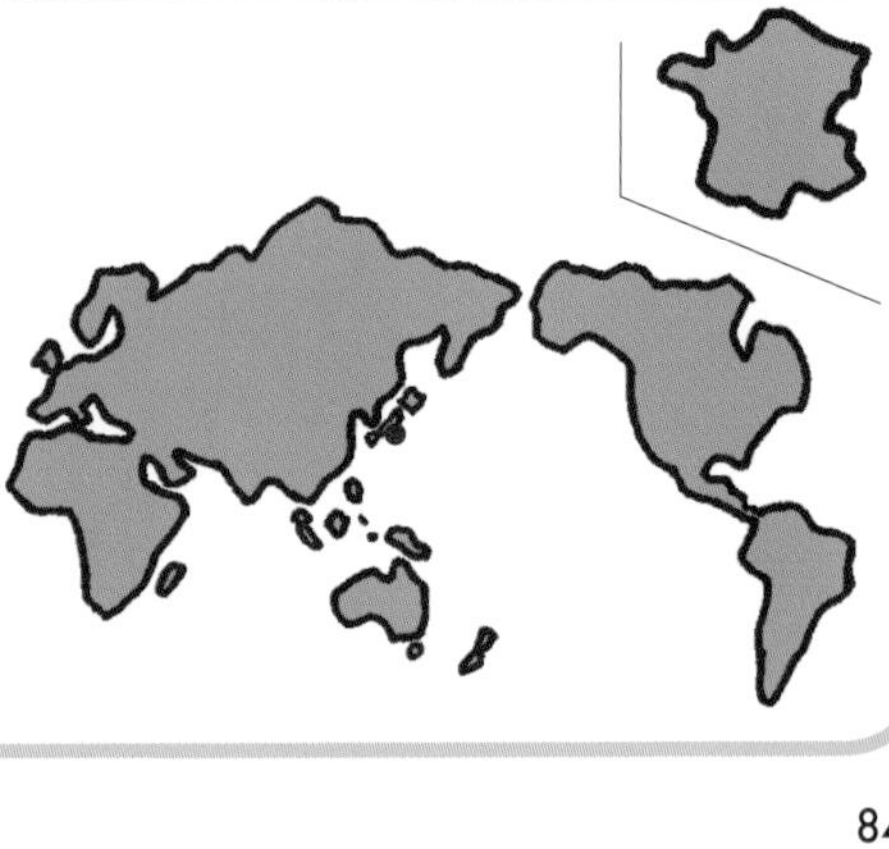

マスカット・ベーリーA種が女性だったら…

自分のかわいらしさをよく知っている“あざとかわいい”女子。みんなにモテるために、時に素朴さを装うことも。
イチゴの香りがキュート。

特　徴

日本の固有品種。フルーティーで軽やかな味わいで、フレッシュでキリリとした酸味とやわらかなタンニン。イチゴや綿あめのキュートな香りが特徴的。

おすすめワイン

カジュアルに楽しめる「本家」の味

サントリージャパンプレミアム マスカット・ベーリーA 2018

イチゴやラズベリー、綿あめの香りにスパイスやハーブの香りが溶け込む。凝縮感のある果実味でやわらかな口当たり。醤油味の煮物や肉料理などと好相性。

■品種／マスカット・ベーリーA
■生産地／日本 山梨県
■生産者／サントリー登美の丘ワイナリー
■2,002円（参考価格／編集部調べ）
■問い合わせ／サントリーお客様センター
TEL 0120-139-380
https://cave-online.suntory-service.co.jp

“マスカット・ベーリーA”の名手

シャンテY,A　ますかっと・ベーリーA Ycube

サクランボや砂糖菓子の香りに黒コショウや甘草の香りが調和する。口当たりが滑らかで、樽のニュアンスが心地よい。果実味と酸味のバランスがよく、奥深い味わい。醤油味の和食全般と。

■品種／マスカット・ベーリーA
■生産地／日本 山梨県
■生産者／ダイヤモンド酒造
■2,978円
■問い合わせ／ダイヤモンド酒造
TEL 0553-44-0129

写真／三国ワイン

白ワイン品種 4

ピノ・グリ種

香り

レモン

リンゴ

桃

ジャスミン

アーモンド

パッションフルーツ

色合い

クリームがかった白、ピンクがかった白

主な栽培地

フランス（アルザス地方、ロワール地方）。イタリア、ドイツ、オーストリア、ハンガリー、アメリカ（カリフォルニア州）、オーストラリア、ニュージーランド。
※イタリアでは「ピノ・グリージョ」と呼ばれる。

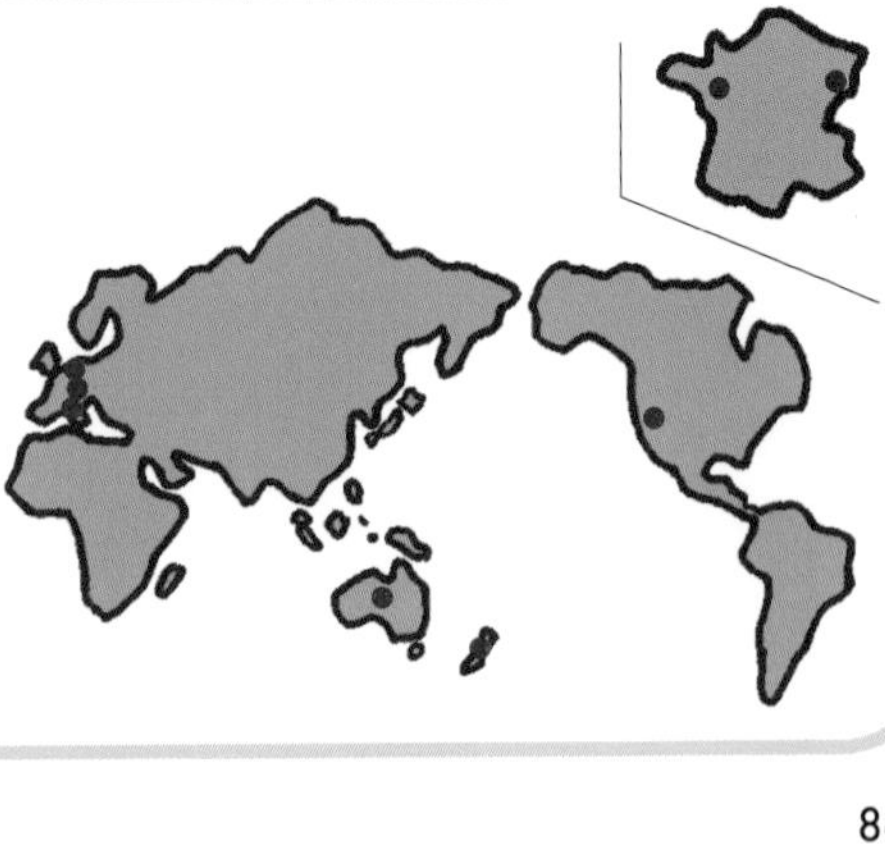

ピノ・グリ種が女性だったら…

ピノ・ノワールの従妹（亜種）ながら、
「似てないね」と言われるのが不満。
キュートでかわいい性格で、得意技は
"七変化"。ドライ（辛口）にもスイート（甘口）にも
なれる不思議ちゃん。誰とでもうまく調和できる。

特　徴

ピノ・ノワールの亜種で、グレーがかった淡いピンクの色合いから「グリ(灰色)」と呼ばれる。辛口から甘口まであり、辛口はフルーティー、甘口にはきちんとした酸味が感じられる。

おすすめワイン

華やかでフルーティー
ガーリーなかわいらしさを感じる

ロバート ヴァイル ジュニア
グラウブルグンダー

黄桃やアンズの甘酸っぱい香りと味わい。1875年設立、時の皇帝ヴィルヘルム２世に愛された名門。「グラウブルグンダー」はドイツでピノ・グリ種のこと。

■品種／グラウブルグンダー
■生産地／ドイツ ラインヘッセン地方
■生産者／ロバート ヴァイル
■2,222円（参考価格／編集部調べ）
■問い合わせ／サントリーお客様センター
TEL 0120-139-380
https://cave-online.suntory-service.co.jp

オーストラリアの
涼やかなピノ・グリ

ローガン・ワインズ
ウィマーラ　ピノ・グリ

白桃や洋梨、アプリコットの香り。キリリとした酸味と心地よいミネラル感。標高500〜1000メートルの冷涼な地から生まれるブドウで造られ、クールなニュアンス。オーストラリアで注目の造り手。中華料理全般と。

■品種／ピノ・グリ
■生産地／オーストラリア ニュー・サウス・ウェールズ州
■生産者／ローガン・ワインズ
■1,925円
■問い合わせ／モトックス
TEL 0120-344101（お客様相談室）

©lookphotos/amanaimages

白ワイン品種 5

ゲヴュルツトラミネール種

香り

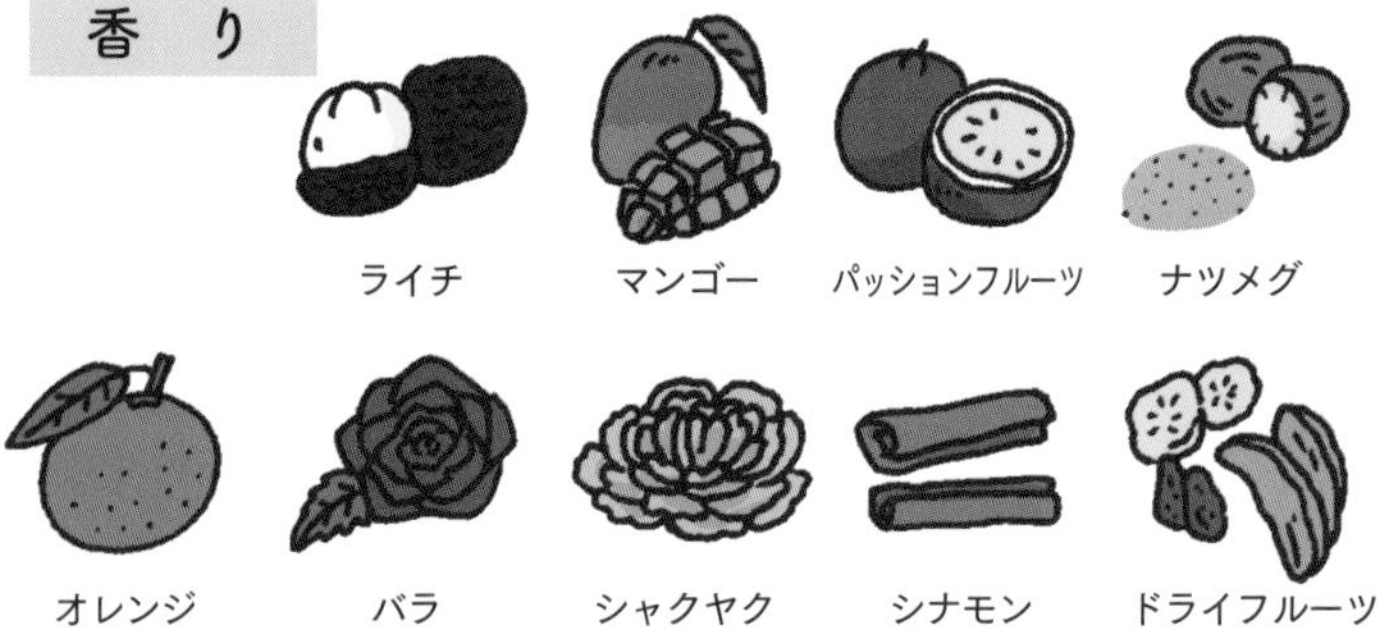

色合い

透明感のある白

主な栽培地

フランス（アルザス地方）、ドイツ、オーストリア、イタリア、日本。

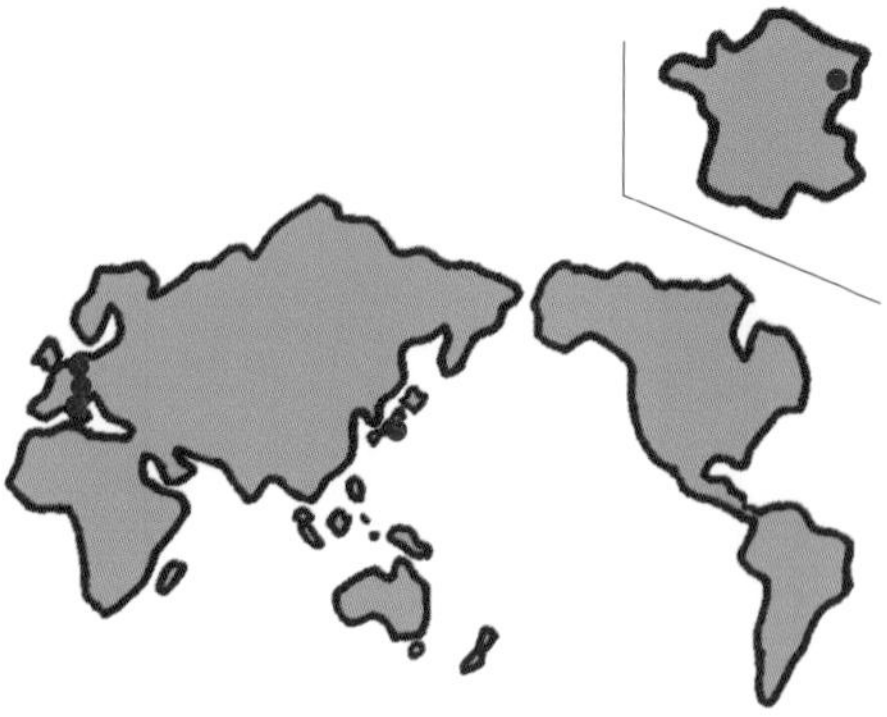

ゲヴュルツトラミネール種が女性だったら…

「私、見た目ハデですが、何か?」
と強く、潔い。香水好きで、
いつもフローラルな香りを身にまとっている。
桂花陳酒のような趣で、中華に合う。

特　徴

ライチ、バラ、シャクヤクの香りが特徴。華やかでスパイシーなニュアンスも。「ゲヴュルツ」とはドイツ語で「スパイス」の意。優しい酸味で、コクのある味わい。

おすすめワイン

ラベンダーのニュアンスが印象的

鶴沼ゲヴュルツトラミネール 2019

ライチや白桃の香り。白いバラやラベンダーなどフローラルなニュアンスも。深みのある味わいながらも、爽やかな酸味。五目あんかけや海老のチリソースなど中華料理に。日本でのゲヴュルツトラミネール種の先駆者。

■品種／ゲヴュルツトラミネール
■生産地／日本 北海道
■生産者／北海道ワイン
■2,420円
■問い合わせ／北海道ワイン
TEL 0134-34-2181
https://www.hokkaidowine.com

ごちそうが食べたくなる「美食家のワイン」

ゲヴュルツトラミネール 2018

白いバラ、ライチ、白コショウの華やかな香り。力強く、コクのある味わいで甘酸っぱい酸味が印象的。1580年からワイン造りをしている老舗。「ガストロノミックなワイン」と星付きレストランでの評価が高い。

■品種／ゲヴュルツトラミネール
■生産地／フランス アルザス地方
■生産者／メゾン･レオン･ベイエ
■3,707円
■問い合わせ／三国ワイン
TEL 03-5542-3939

写真／三国ワイン

白ワイン品種 6

ヴィオニエ種

香り

色合い

透明感のある白〜クリームがかった白

主な栽培地

フランス（ローヌ地方、ラングドック・ルション地方）。アメリカ、オーストラリア、カナダなど。

ヴィオニエ種が女性だったら…

上品で華やかなお嬢さま。
ふっくら、ほわほわとした
独特の空気感を醸し出す。
フローラルで華やかな香り。

特　徴

コクのある味わいで、アプリコットの香りが際立ち、酸味は総じて優しい。南フランスでは、ヴィオニエ種単一のほか、南フランスの在来品種マルサンヌ種やルーサンヌ種とブレンドされることも多い。

おすすめワイン

華やかなアロマに癒やされる

ロスタル ブラン 2020

白桃、アプリコット、バジルの香り。華やかで芳醇な果実味。ボルドー・メドック格付け第５級「シャトー・ランシュ・バージュ」のオーナーが南仏で手がける。野菜炒めや白身魚のムニエルと。

■品種／ヴィオニエ
■生産地／フランス ラングドック・ルション地方
■生産者／ドメーヌ・ド・ロスタル
■2,090円
■問い合わせ／エノテカ
TEL 0120-81-3634
https://www.enoteca.co.jp

華やかでフルーティー
ガーリーなかわいらしさを感じる

ヴィオニエ 2019

白桃や黄桃の香りと厚みのある果実味とミネラル。どこかエキゾティックで、心地よい余韻。生春巻きや豚肉の生姜焼きにも合う。「ポール・ジャブレ・エネ」はプロにも評価が高い造り手。

■品種／ヴィオニエ
■生産地／フランス ローヌ地方
■生産者／ポール・ジャブレ・エネ
■1,562円
■問い合わせ／三国ワイン
☎03-5542-3939

©Alamy Stock Photo/amanaimages

白ワイン品種 7

シュナン・ブラン種

香り

桃

洋梨

オレンジ

レモン

ジャスミン

レモンバーベナ

カモミール

色合い

透明感のある白

主な栽培地

フランス・ロワール地方、南アフリカ、アメリカ(カリフォルニア州)など。

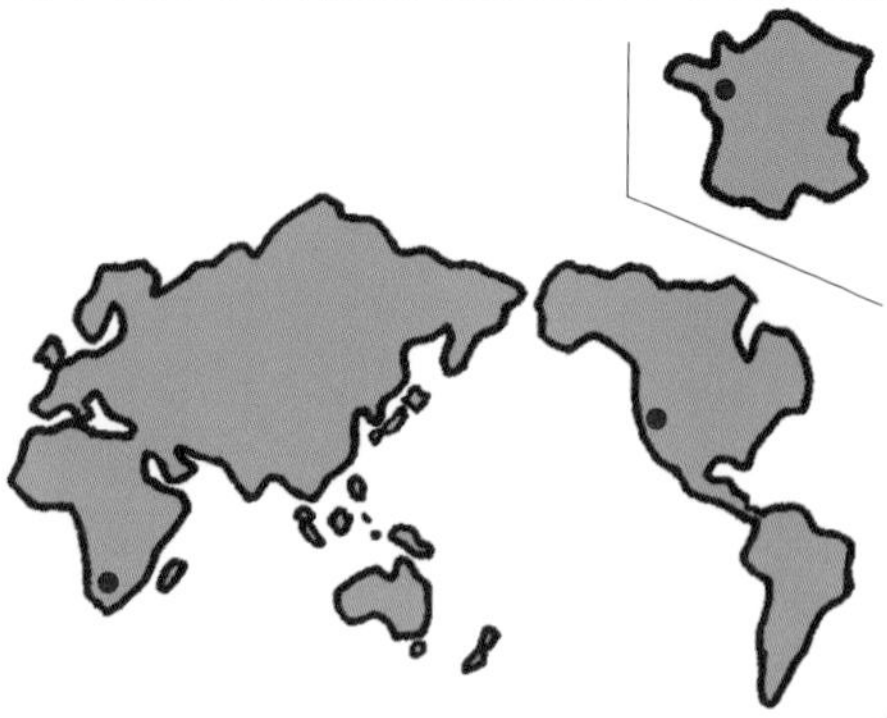

シュナン・ブラン種が女性だったら…

おとなしいのに、
じわじわと存在感をアピールしてくる。
ピュアさがきらりと光る。

特　徴

まろやかでコクのある味わい。酸味が優しく、果実の甘味とのバランスがよい。単一で使われることが多く、辛口から甘口までバラエティ豊か。近年では南アフリカ産のものに注目が集まっている。

おすすめワイン

心地よさを感じる
ナチュラルな造り

ドメーヌ・デ・ギュイヨン ソミュール キュヴェ・ヴァン・デュ・ノール 2018

白桃やマスカットを思わせるまろやかな果実味。ミネラルもしっかりあり、心地よい飲み口。化学肥料を使わない、ナチュラルな造り。フランス国内の星付きレストランでも使われている。

■品種／シュナン・ブラン
■生産地／フランス ロワール地方
■生産者／ドメーヌ・デ・ギュイヨン
■1,980円
■問い合わせ／モトックス
TEL 0120-344101

チャーミングで
親しみやすい味わい

ファイヴズ　リザーヴ シュナン・ブラン ロバートソン　2020

マンゴーやグァバなどトロピカルフルーツの香り。果実味が豊富でフレッシュな酸味。親しみやすい味わいで、カレーなどとカジュアルに。南アフリカはシュナン・ブラン種で注目される話題の産地。

■品種／シュナン・ブラン
■生産地／南アフリカ 西ケープ州
■生産者／ファイヴズ・リザーブ
■1,298円
■問い合わせ／ワイン・イン・スタイル
TEL 03-5413-8831
https://www.wineinstyle.co.jp

写真／メルシャン

白ワイン品種 8

甲州種

香り

白桃

梨

レモン

ハーブ

アヤメ

和のハーブ

色合い

透明感のある白

主な栽培地

日本（主に山梨県）。

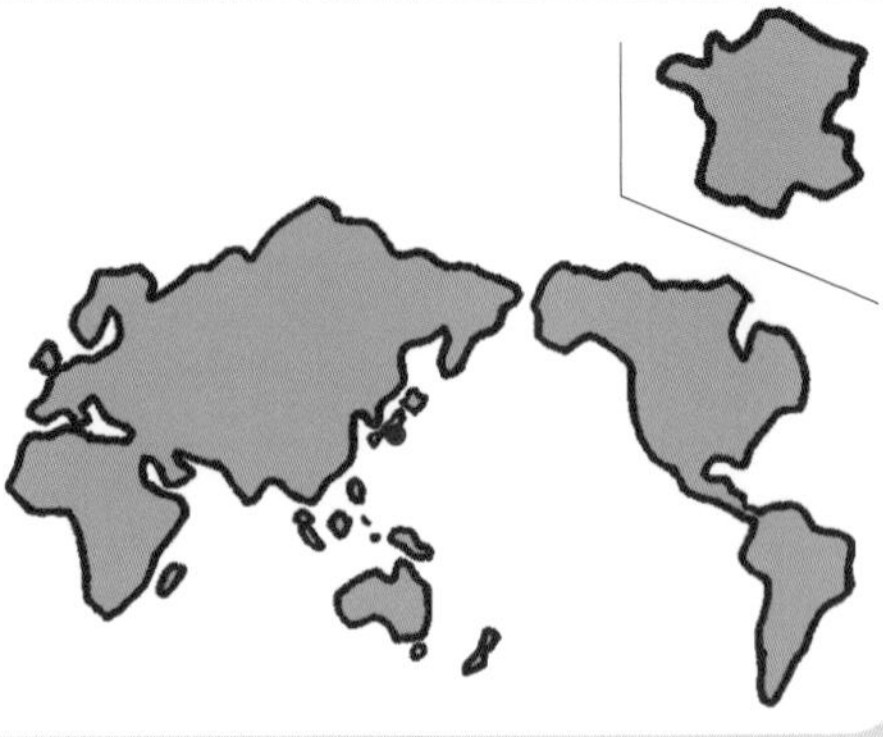

甲州種が女性だったら…

清潔感に満ちた大和撫子。
一見控えめながら、
どこか芯の強さを感じさせる。
白桃とハーブの香りがそこはかとなく漂う。
地元を愛するキュートなカントリーガール。

特　徴

日本固有のブドウ品種。フレッシュで軽やかな味から、コクがあり、まろやかな味わいのものまで。果実の優しい甘味とイキイキとした酸味の奥に控えめな渋みも。

おすすめワイン

日本トップレベルの甲州の造り手

中央葡萄酒
グリド甲州 2020

白桃とアプリコットの香りが豊かで、フルーティーな果実味と爽やかな酸味のバランスが絶妙。「日本トップクラスの甲州」の醍醐味が味わえる。和食全般に。「グリド」は甲州種の果皮のピンクがかった薄灰色から。

■品種／甲州
■生産地／日本 山梨県
■生産者／中央葡萄酒（グレイスワイン）
■2,200円
■問い合わせ／中央葡萄酒
TEL 0553-44-1230
https://www.grace-wine.com

甲州種を牽引した"重鎮"

2019 ルバイヤート甲州
シュール・リー 辛口

白桃と和梨の爽やかな香りと清涼感のある酸味。清らかさに満ち、果実のうまみもたっぷり。「丸藤葡萄酒工業」は日本の甲州種を牽引してきた老舗のひとつ。「イカやタコの刺身＆塩レモン」は感動のおいしさ。

■品種／甲州
■生産地／日本 山梨県
■生産者／丸藤葡萄酒工業
■2,035円
■問い合わせ／丸藤葡萄酒工業
TEL 0553-44-0043
https://www.rubaiyat.jp

写真／NIPPON LIQUOR LTD.

白ワイン品種 9

ミュスカデ種

香り

レモン

リンゴ

白バラ

菩提樹

チョーク

ワカメ

色合い

透明感のある白

主な栽培地

フランス（ロワール地方）。アメリカ（オレゴン州）など。

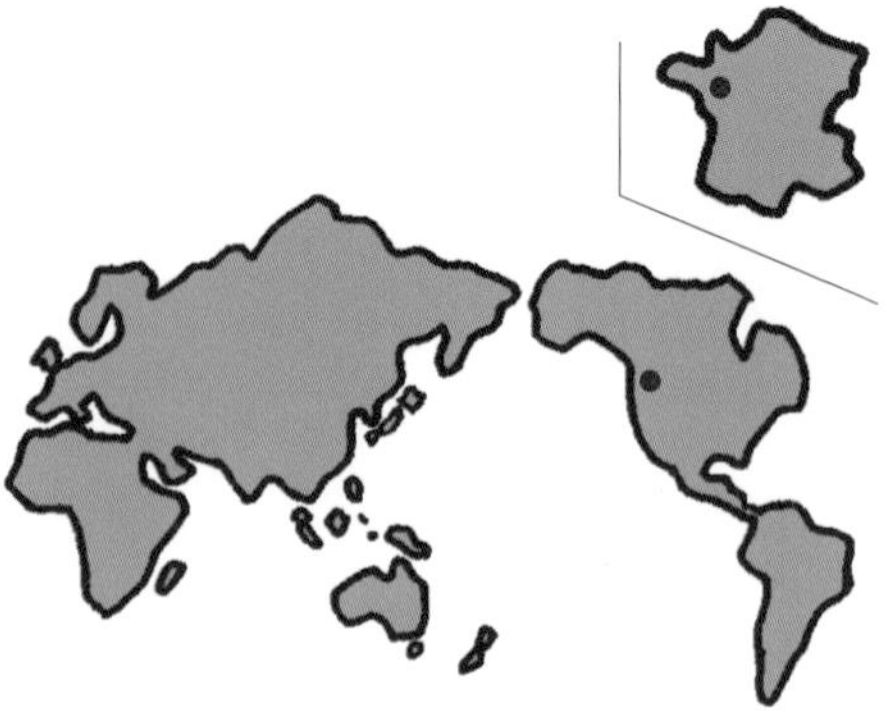

ミュスカデ種が女性だったら…

すっきり、爽やかな優等生。
気づくと、さりげなくそこにいるタイプで、
誰からも好かれている。
時に、自分の意見をはっきりと述べる、
一本筋が通った一面も。

特　徴

ロワール地方の伝統品種。フレッシュで繊細な味わい。酸味もキリリとしている。塩味や石のようなニュアンスも。

おすすめワイン

香り豊かでうまみたっぷり

ミュスカデ･セーヴル･エ･メーヌ クロ ド ラ ウセ 2015

白い花と柑橘、ブリオッシュの香り。心地よいうまみが感じられる。「ミュスカデ･セーヴル･エ･メーヌ」はAOC名、「クロ ド ラ ウセ」は単一畑の名前。ミュスカデ種のスペシャリストとして名高い。

■品種／ミュスカデ
■生産地／フランス ロワール地方
■生産者／ドメーヌ･ヴィネ
■2,420円
■問い合わせ／ラック･コーポレーション
TEL 03-3586-7501
https://order.luc-corp.co.jp

可憐でチャーミングな味わい

ミュスカデ セーヴル･エ･メーヌ シュール･リー ヴィエイユ･ヴィーニュ 2019

青リンゴやレモンの爽やかな香り。きれいな酸味とやわらかなミネラル感。権威あるワイン専門誌で「究極のミュスカデ」と高く評価された、ミュスカデ種を代表する１本。

■品種／ミュスカデ
■生産地／フランス ロワール地方
■生産者／シャトー･ド･ラ･ラゴティエール
■2,420円
■問い合わせ／JALUX
TEL 03-6367-8756

生産国別
「家飲み」おすすめワイン

3000円台以下

旧世界

フランスやイタリア、スペイン、ドイツなど、古くからワインが造られてきたヨーロッパの国々。

新世界

大航海時代にかつては植民地だった地にブドウ栽培やワイン醸造法が伝わり、新たにワイン造りが始まった国々。

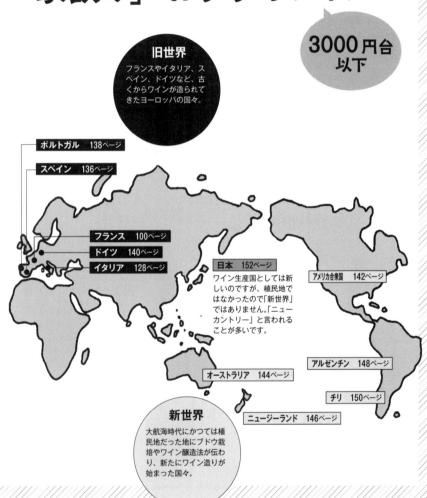

今、ワインは世界中のさまざまな国で造られています。それも、国によって味わいが違い、同じ品種のワインを飲んでも、「国によってこんなに変わるの？」と驚くこともしばしば。その地域の気候と土壌、標高などの土地の条件（テロワール）、その土地の食文化や歴史、それぞれの生産者の考えや栽培や醸造の仕方によってワインの味わいが違ってくるのです。

ボルドーのワインは、やはりどこか洗練されていて高貴さが漂う。カリフォルニアのワインは親しみやすくて「いつも笑顔」な感じ。日本ワインは、どこか控えめながら清潔感に満ちた印象……。この「違い」に出会うことがワイン好きにとってはなんとも楽しく、ますます深みにはまってしまうのです。

この章では、国ごとのワインの特色や魅力を簡単にお伝えしつつ、それぞれの国のワインの特徴を楽しむことができる「家飲みワイン」をセレクトしました。ゆっくりワインを楽しみながら、そのワインが生まれた国の風景や料理、音楽や映画などを思い浮かべてみると、自分の中の世界が膨らんでいくことに気づきます。これもまた「家飲み」の魅力だと思います。

フランス

FRANCE

ナチュラルな「爽やか白」に注目

ロワール地方　120ページ

シャンパーニュ地方

美しい酸味はシャンパーニュならでは。
世界の"泡"の最高峰。うれしいことがあった日の「とっておき家飲み」に。
（※ 160 ページ〜で紹介）

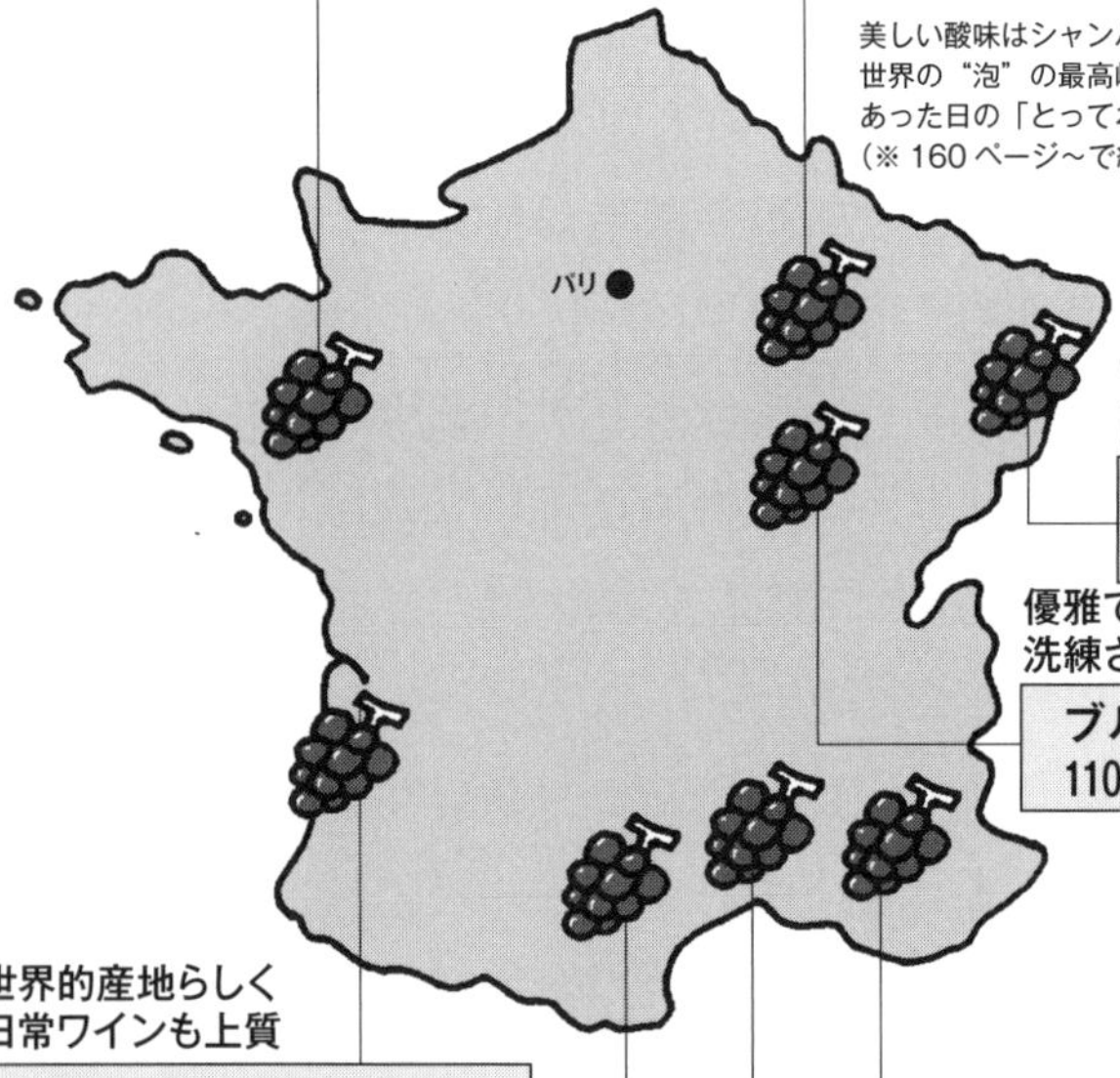

"品種フォーカス"
「家飲み」のねらいめ

アルザス地方
118ページ

優雅で優しい赤と
洗練された白

ブルゴーニュ地方
110ページ

世界的産地らしく
日常ワインも上質

ボルドー地方　102ページ

休日に飲みたい
お洒落系ロゼ

プロヴァンス地方
126ページ

今、注目の土地。
「家飲み」の宝庫！

ラングドック・ルション地方　124ページ

重厚ながら優しい。
ふくよかさも魅力

ローヌ地方
122ページ

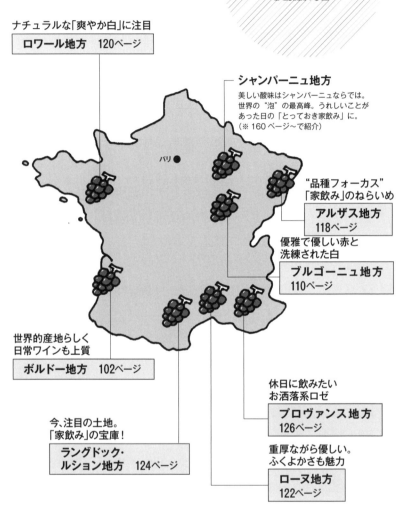

フランスは、名実ともに世界のワイン産地を牽引する「ワイン界のリーダー」であると私は思います。ボルドーの「５大シャトー」やブルゴーニュの「ロマネ・コンティ」などの銘醸ワインの数々は、世界のワイン造りのお手本となっています。アメリカ・カリフォルニア州やチリ、ニュージーランドなど新世界の国々も、「ボルドーやブルゴーニュに比肩する」と評される素晴らしいワインを生み出していますが、これも「フランスに追いつき、追い越せ」と、各国の生産者たちが日々努力を重ねた結果でしょう。

フランスワインの魅力はなんといっても「気品」です。最初は「小難しく」感じますが、次第に品のよさに安心感を覚えます。３，０００円台以下のワインにもこの上品さが感じられ、「フランスワインってすごい！」と素直に感動してしまいます。二大産地であるボルドーとブルゴーニュは高価ですが、探せば手ごろなものは多いので、ぜひ試してほしいと思います。独特の高貴さがあります。他の地方は「家飲みワインの宝庫」。それぞれの地方の特色を楽しんでください。

フランス①

ボルドー地方

BORDEAUX

- 複数の品種をブレンドして造ることが多い
- シャトー（ワイナリー）に対して格付けされる

「シャトー」とは醸造所を意味します。昔、大きな醸造所を「シャトー」と呼んでいたことに由来します。昔のお城をそのまま使っているところも多くあり、小さな工場のような醸造所も「シャトー」と呼ばれます。大企業や財閥、家族経営者などさまざまな生産者がいます。

ガロンヌ川とドルドーニュ川を挟んで、メドック地区側を「左岸」、サン・テミリオン地区側を「右岸」と呼びます。左岸はカベルネ・ソーヴィニヨン種主体で造られることが多く芳醇、右岸はメルロ種主体で豊満なスタイルです。

メドック地区の格付け

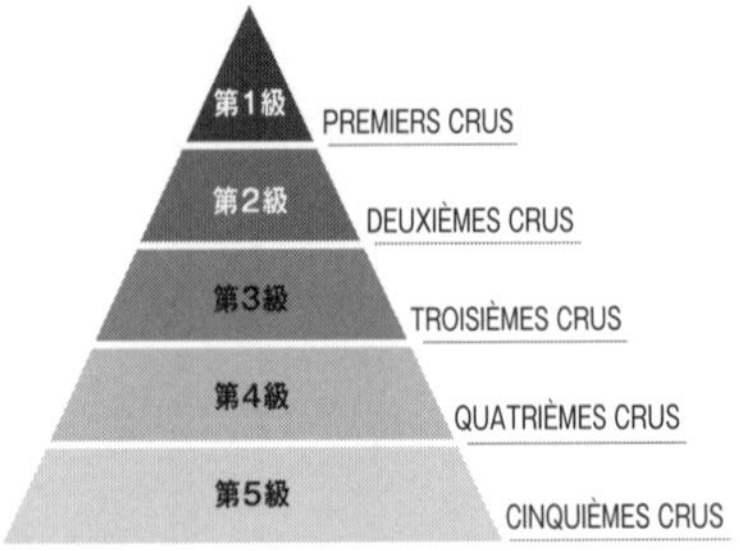

ここでは、ボルドーワインの中でも人気のメドック地区の格付けをご紹介します。メドック地区やサン・テミリオン地区など、高級ワインを産出する地域では、それぞれの地区の中でシャトーに対する格付けがなされます。
左はメドック地区の「グラン・クリュ・クラッセ」といわれる格付けで、１級から５級まで格付けされています。これは、「世界のワインのトップ」とされる格付けです。のちに、この格付けから外れた生産者によって、「グラン・クリュ・クラッセ」に次ぐ「クリュ・ブルジョワ」という新たな格付けが生まれましたが、これらもかなり高い品質です。

味わいは「究極のエレガンス」。世界最高峰のワイン産地。

ブルゴーニュとともにフランスの２大ワイン産地のひとつで、「ワインの女王」と称されるのがボルドーです。ボルドーは、フランス南西部のアキテーヌ地方にあり、大西洋からの海風を受けた温暖な海洋性気候が特徴です。ドルドーニュ川とガロンヌ川が流れ、この２つの川が合流したジロンド川を中心に広大なワイン産地が広がっています。ジロンド川を挟んで「左岸」のメドック地区と「右岸」のサン・テミリオン地区やポムロール地区などが代表産地です。「シャトー・マルゴー」など「５大シャトー」に代表される世界最高峰のワインを生むことで知られています。ワインの特徴は「ブレンドして造られる」ことで、それぞれの生産者が品種のブレンド比率を独自に考えています。赤はカベルネ・ソーヴィニヨン種とメルロ種を中心に、カベルネ・フラン種やプティ・ヴェルド種をブレンド、白はソーヴィニヨン・ブラン種にセミヨン種をブレンドします。この「ブレンドの妙味」が大きな魅力であり、格付けシャトーの熟成したワインは、芳醇さと繊細さを合わせ持ち、心に長い余韻を残します。

「格付け」でわかる、ボルドーワインの品質

最初に「AOC（アペラシオン・ドリジーヌ・コントローレ／原産地統制呼称制度）がある」と知るとわかりやすいです。（2009年から「AOP」と呼称は変わりましたが、まだ「AOC」が伝統的呼称として使用許可されています）。この格付けを踏まえたうえで、「地区名ワイン」（例／AC メドック）と「村名ワイン」（例／AC マルゴー）があります。

これに加え、特に銘醸ワインを産出する地区ではシャトーに独自の格付けをしています。ボルドーはブレンドスタイルでワインを造るため、同じ地区でもレベルは様々。格付けすることで品質基準を明確にしたのです。

ボルドーは高級赤ワインの産地として有名ですが、同時に「家飲み」に最適なワインも多く造られています。白やロゼなど、上質なカジュアルワインを多く産出する地区もありますし、格付けシャトーも「セカンドラベル」などのカジュアルラインを出しています。手ごろな価格であってもボルドーらしい気品はきちんと感じられますので、ぜひ味わってください。

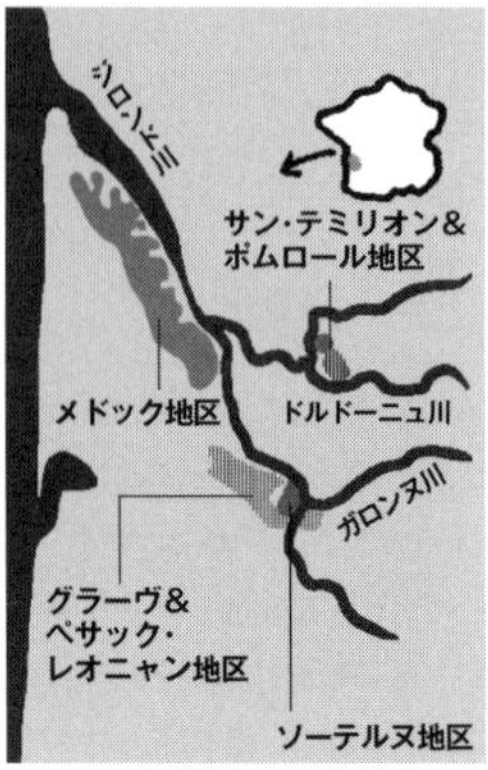

個性豊かな生産地区

メドック MÉDOC

「ワインの女王」の心臓ともいえるのがメドック地区です。銘醸ワインが綺羅星のごとく立ち並ぶ地で、ワイン愛好家の聖地と言っても過言ではありません。ブドウ畑の中に壮麗なシャトーが次々と姿を現し、そのダイナミックでゴージャスな風景に心が躍ります。

ここは、ジロンド川上流から流れてきた小石混じりの砂利質の土壌で、水はけがよいのが特徴。上質なカベルネ・ソーヴィニヨン種を育みます。もうひとつの特徴は「マイクロ・クライメイト（微気候）」にもあります。ボルドーを訪れたとき、ひとつの小さな畑に小雨が降っているのを見ましたが、その隣の畑には雨が降らず、日が差していて、「これがメドックのテロワールか！」と感動しました。

メドック地区には８つのアペラシオン（生産地区／村）があり、ここから生まれるワインは、それぞれに魅力的な個性を持っています。

★メドック……いちばん大きなアペラシオンで、味わいも多彩。
★サン・テステフ……力強く、洗練されたスタイル。
★ポイヤック……芳醇で、熟成すると極めて優美。５大シャトーのうち、３つのシャトーがこの村のもの。
★サン・ジュリアン……華やかでスタイリッシュな印象。
★リストラック・メドック……バランスがよく、しっかりとしたボディ。
★ムーリ・アン・メドック……力強くもチャーミングな味わい。
★マルゴー……優雅で官能的。「シャトー・マルゴー」で有名。
★オー・メドック……心地よい香りのバラエティ豊かなワイン。

この地区のワインのレベルの高さは、「グラン・クリュ・クラッセ（第１級〜第５級）」の下に格付けされる「クリュ・ブルジョワ」や「クリュ・アルティザン」というカテゴリーにも表れています。また、格付けシャトーの「セカンドラベル」や「サードラベル」も見逃せません。

サン・テミリオン＆ポムロール地区　ST.ÉMILION & POMEROL

ドルドーニュ川を挟んで「右岸」がサン・テミリオン地区です。歴史を感じる市街地と畑の風景で「世界一美しいワイン産地」と言われます。土壌は主に粘土質で、石灰質や砂礫質が混じっています。メルロ種に適しており、ここではメルロ種を主体に、カベルネ・ソーヴィニヨン種とカベルネ・フラン種がブレンドされ、まろやかでリッチ、優雅に仕上がります。

ポムロール地区はサン・テミリオン地区の西に位置し、同様にメルロ種主体の果実味豊かで豊満な印象のワインが造られます。有名な「ペトリュス」はここで生まれました。優しさとコクを求めるときに選びたい地区です。

グラーヴ＆ペサック・レオニャン地区　GRAVES& PESSAC-LÉOGNAN

ボルドー市に隣接したペサック・レオニャン地区と、その南東に位置するグラーヴ地区は「爽快な白」の銘醸地。赤もありますが、メドックと比べると軽やかで繊細です。土壌は砂利質でカベルネ・ソーヴィニヨン種がよく育ちます（「グラーヴ」とはフランス語で砂利を意味します）。土壌由来の心地よいミネラル感がワインから感じられます。5大シャトーのひとつ「シャトー・オー・ブリオン」はグラーヴ地区のワインです。

ソーテルヌ地区　SAUTERNES

世界最高峰と言われる「シャトー・ディケム」など、セミヨン種の貴腐ブドウから造られる甘口白の名産地です。貴腐ブドウとは果実に貴腐菌（ボトリティス・シネレア菌）がついてできるブドウです。ソーテルヌ地区ではガロンヌ川の朝霧の影響でブドウに貴腐菌がつきやすいのですが、太陽によってブドウが乾くのも早いので、いい貴腐ブドウができます。きちんと酸味のある甘口に仕上がり、現地ではフォワグラや塩気のある料理などと楽しまれています。青カビチーズやチョコレートとも相性がいいので、試してみてください。

以上の地区では「家飲み」にぴったりのワインも多く産出しています。土地の個性を知って選ぶとより深く楽しめます。

ボルドーを「家飲み」するときに覚えておきたいキーワード

ボルドーというと「熟成された高級ワイン」が思い浮かびますが、ボルドーには、熟成を待たずに若いうちから楽しめるワインが多彩にあります。しかも、リーズナブルでも優雅さが感じられ、「ボルドーの実力」を感じることもしばしば。そんなワインを見つけやすくするキーワードを集めました。

■ セカンドラベル＆サードラベル

格付けシャトーでは、最高のワインを造るために日々努力を重ねています。「世界最高峰」と称賛されるボルドーならなおさらのこと。でも、その中には、「ファーストラベルとしてリリースするにはちょっと……」と判断された樽で熟成中のワインもあります。

また、シャトーが所有する広大な畑の中には、まだ樹齢が若い畑もあり、果実の熟度が理想的ではありません。こういった「ファーストラベルとして世に出すには基準に満たないもの」で造られるのが妹的存在の「セカンドラベル」と「サードラベル」です。「基準に満たない」といっても、かなりのハイレベル。「もっと多くのワイン愛好家に、シャトーのスタイルを気軽に楽しんでほしい」という思いもあります。

「ファーストラベル」は高価ですが、「セカンドラベル」には手が届きやすい価格のものがあります。とはいえ、一流シャトーのものですから、安価とは言えません。「サードラベル」なら4,000円台のものが多いので、私は「確実においしいボルドー」が飲みたいときに選んでいます。

■ クリュ・ブルジョワ

メドック地区の最高格付け「グラン・クリュ・クラッセ(第1級〜第5級)」のすぐ下の格付けが「クリュ・ブルジョワ」です。メドック地区の8つのアペラシオンの中から、品質が高いと認められた250のシャトーが選ばれています。格付けは毎年認定が行われるので、生産者たちは「今年も格付けされるように」と、日々努力を重ねています。

「クリュ・ブルジョワ」には上から、①「クリュ・ブルジョワ・エクセプショネル」、②「クリュ・ブルジョワ・シュペリウール」、③「クリュ・ブルジョワ」と3つの等級があります。この言葉は、かつてブルジョワ階級が所有していた荘園に由来します。現在はそのほとんどが家族経営で、メドック地区の総生産量の40パーセントを占めています。昔からの貴族やブルジョワのファミリーで瀟洒な館を所有していたり、歴史あるブドウ農家であったりとさまざまですが、共通して品質がかなり高く、中には「グラン・クリュ・クラッセ」に引けを取らないと評価されるものも多くあります。

私は「クリュ・ブルジョワ」は、「格付け」というより「味の安心ラベル」だと思っています。「格がどうこう」より、「素直においしい」と思えるものが多いのです。価格はまちまちですが、2,000円から3,000円台のものも多いので、私はお気に入りのシャトーのものが出ているのを見つけたら、週末の楽しみ用に「即買い」することもよくあります。

■ AOCボルドー＆AOCボルドー・シュペリウール

「ボルドー地方内で栽培された、規程の品種（カベルネ・ソーヴィニヨン種、メルロ種、カベルネ・フラン種、プティ・ヴェルド種、マルベック種）で造られるワイン」を証明するのが「AOCボルドー」という格付け。さらに、より樹齢の高いブドウの木から収穫されたブドウで造られ、最低でも9カ月間の熟成が必要とされているのが「AOCボルドー・シュペリウール」です。「AOCボルドー」より凝縮感のある味わいです。

■ マイボルドー・セレクション

ボルドーには、高級ワインだけではなくリーズナブルでおいしいものも多数。日本に輸入されているボルドーワインの中から、ワインの専門家が50本選んだものが「MyBordeaux Selection（マイボルドー・セレクション）」で、実は「日本発」のカテゴリーです。ボルドー全域からスムーズ＆フルーティ、ディープ＆リッチなどタイプ別、また、ロゼやクレマン・ド・ボルドー（泡）とさまざまなスタイルが1,000円から4,000円まで揃います。下記のサイトで好みのワインを見つけてください。

https://mybordeaux.jp

ボルドーの「家飲み」おすすめワイン

品格と華やかさがあって、しかも飲みやすい。
リピートしたくなる「お値打ちボルドー」を厳選しました。

気軽に楽しめる上質な味わい
アロマティックな香りもチャーミング

アルノザン ボルドー・シュペリュール 2016

チェリーやプラム、ブルーベリーなどアロマが豊か。タンニンはしっかりしつつもなめらか。メルロ種主体なので優しい甘味があり、飲みやすいのも魅力。カカオのニュアンスも。ステーキやフライドチキン、チーズなどと好相性。厳しい規定に従って造られる「ACボルドー・シュペリウール」。有名なワイン・コンペティションでの受賞歴も多い。

■品種／メルロ、カベルネ・ソーヴィニヨン
■生産地／フランス ボルドー地方
■生産者／アルノザン
■1,870円
■問い合わせ／三国ワイン
TEL 03-5542-3939

本格派ボルドーへの入り口に最適
ちょっといいことがあった日に

シャトー・ラネッサン 2012

カシスやチェリー、スミレ、ミント、黒コショウなど複雑な香り。果実味は凝縮感を感じさせつつも、ゆったりとして繊細。タンニンもなめらかで飲みやすい。クレソンを使ったすき焼きやローストビーフ、ラムチョップなど、肉料理をおいしくしてくれる。著名なワイン評論家ロバート・パーカー氏のお気に入りでもある。クリュ・ブルジョワ級ながら、「メドックの格付けワイン並みの実力」と評価が高い。上品で、親しみやすいスタイルで、本格派ボルドーへの入り口に最適の１本。

■品種／メルロ、カベルネ・ソーヴィニヨン、プティ・ヴェルド
■生産地／フランス ボルドー地方
■生産者／シャトー・ラネッサン
■3,520円
■問い合わせ／エノテカ TEL 0120-81-3634
https://www.enoteca.co.jp

テロワールに忠実なワイン造り
家族経営のクリュ・ブルジョワ

シャトー・コート・ド・ブレニャン メドック 2015

ブラックベリーやラズベリー、スパイス、樽由来のバニラのやわらかな香り。凝縮感のある果実味としっかりしつつもなめらかなタンニン。肉料理全般やガトー・ショコラにも。豚肉のローストにジャムを添えたものも好相性。1870年の創業から５代続く家族経営の老舗シャトー。ワイン愛好家に人気の「シャトー・ボタンサック」に隣接、メドック中でも良質な土壌。クリュ・ブルジョワ級でこの価格は「お買い得」。

■品種／カベルネ・ソーヴィニヨンとメルロ主体、カベルネ・フランとプティ・ヴェルドをブレンド
■生産地／フランス ボルドー地方
■生産者／シャトー・コート・ド・ブレニャン
■2,750円
■問い合わせ／nakato TEL 03-3405-4222

スミレやカシスの香りが魅力的
バランス感覚に優れた「優等生」

ムートン・カデ・ルージュ 2018

カシスやブルーベリー、カカオ、スパイスなどのアロマティックな香り。ワインの中に心地よいミネラルと酸が溶け込み、口当たりもスムーズ。肉じゃがやビーフシチュー、甘辛い鶏の手羽先炒めなどの料理やチョコレートケーキにも。メドック格付け第１級の「シャトー・ムートン・ロスチャイルド」を所有するバロン・フィリップ・ド・ロスチャイルド社が手がける。「AOCボルドー」に属するカジュアルワインながら、果実の凝縮感が楽しめる。「カデ」はフランス語で「末っ子」の意。

■品種／メルロ主体、カベルネ・ソーヴィニヨン、カベルネ・フラン
■生産地／フランス ボルドー地方
■生産者／バロン・フィリップ・ド・ロスチャイルド
■1,815円
■問い合わせ／エノテカ TEL 0120-81-3634
https://www.enoteca.co.jp

フランス②

ブルゴーニュ地方

BOURGOGNE

生産者の多くは、栽培から醸造、販売までを一貫して行う家族経営の「ドメーヌ」です。日々畑と向き合い、細やかな作業を行います。ドメーヌのように自社畑のブドウでワインを醸造しつつ、農家からブドウやワインを買いつけてブレンドを行う「ネゴシアン」と呼ばれる大手もあります。

- 単一品種で造られることが多い
- 畑に対して格付けされる

有名な畑は、一社が所有している場合と、同じ名前の畑を何社かが区画を分けて所有している場合があります。単独所有の畑は「モノポール」と呼ばれ、稀少価値が高く、区分けされた畑は同じ畑でも生産者によって味わいが変わります。どちらもワイン愛好家の心をくすぐります。

ブルゴーニュの修道院では、かつて修道士たちがワイン造りをしていました。フランス革命後に畑が分割され、競売によって市民が所有できるようになりましたが、今も修道院に対する尊敬は強く残っています。

ブルゴーニュの格付け

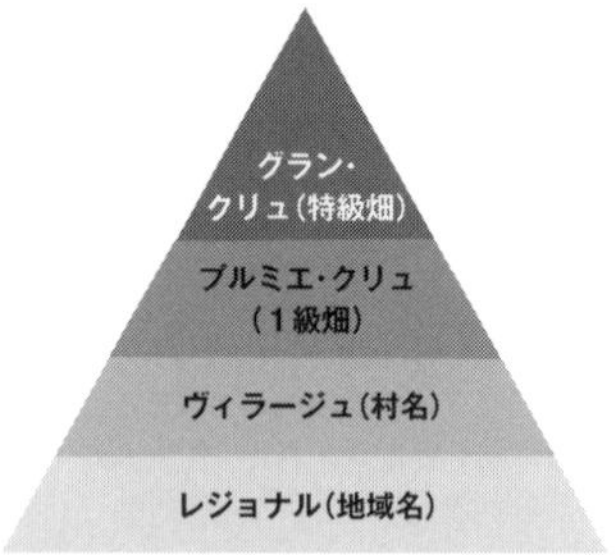

畑に格付けするのはブルゴーニュだけ。畑の名前がラベルにあれば、「格付けが一番高いワイン」です。その一例が「ロマネ・コンティ」で、これは畑の名前です。次に高いのが村の名前が表記されたワインです。「ヴォーヌ・ロマネ」などがこれに当たります。「ブルゴーニュ」と地域名だけ表記されたものは、一番下の格付けになります。

グラン・クリュ（特級畑） ………例）Appellation　Romanée- Conti Contrôlée
プルミエ・クリュ（1級畑） ……例）Appellation　Meursault Premier cru Contrôlée
ヴィラージュ（村名） …………例）Appellation　Meursault Contrôlée
レジョナル（地域名） …………例）Appellation　Bourgogne Contrôlée
※ラベルには「例」のように表記されます。

繊細さと独特の色気がブルゴーニュの魅力

ボルドーと並ぶ銘醸ワインの産地がブルゴーニュです。ブドウ品種は赤がピノ・ノワール種、白はシャルドネ種やアリゴテ種で、多くが単一で使用されます。

ブルゴーニュワインの魅力は、優雅さと繊細さ、そして独特の色気にあると思います。カジュアルなワインにもそれが感じられることが多いので、ボルドーとはまたひと味違う魅力が楽しめます。

ブルゴーニュ地方は、冷涼な大陸性気候で昼夜の気温差が大きく、真夏でも冷え込むことがあります。この冷涼な気候が影響し、酸味が美しいブドウが生まれます。霜や雹など自然環境が厳しい土地でもあるので、生産者たちはより注意深くブドウと向き合います。ブルゴーニュには自らを「ペイザン（農民）」と称する生産者も多いのですが、こんなところに理由があります。

その多くは「ドメーヌ」と呼ばれる個人の生産者で、自社畑のブドウで栽培と醸造を行います。また、広大な畑を所有し、農家からもブドウやワインを買いつけてブレンドや醸造、熟成を行う「ネゴシアン」もおり、ドメーヌ的な考え方で畑の個性を生かしたワイン造りをしています。

ブルゴーニュワインは「畑フォーカス」

ブルゴーニュの生産者は、なによりも畑を大切にします。それを物語るのが「格付け」です。これは、「この土地は素晴らしいワインを産出します」という、ワイン法によって与えられる「お墨付き」。ほとんどのワイン産地にありますが、畑に格付けをしているのはブルゴーニュだけなのです。

「格付け」はワインにとってのいわば「階級制度」です。（右ページ参照）。まず、一番下にブルゴーニュのワインであることを証明する「AC ブルゴーニュ（アペラシオン・ブルゴーニュ・コントローレ）」という原産地呼称制度があります。そして、その地域の中でさまざまな村が「格付け」されています。さらに、その村の中に「プルミエ・クリュ（1級）」や「グラン・クリュ（特級）」に格付けされた畑があります。

ブルゴーニュは畑が細分化されていて、ひとつの畑を単独で所有していることも、複数の造り手が所有していることもあります。同じ畑のものでもワインの味が違うので、これがまた愛好家の心を鷲掴みにするのです。

個性豊かな生産地区

ブルゴーニュには大きく分けて6つの生産地区があります。それぞれの地区の魅力を簡単にお伝えします。

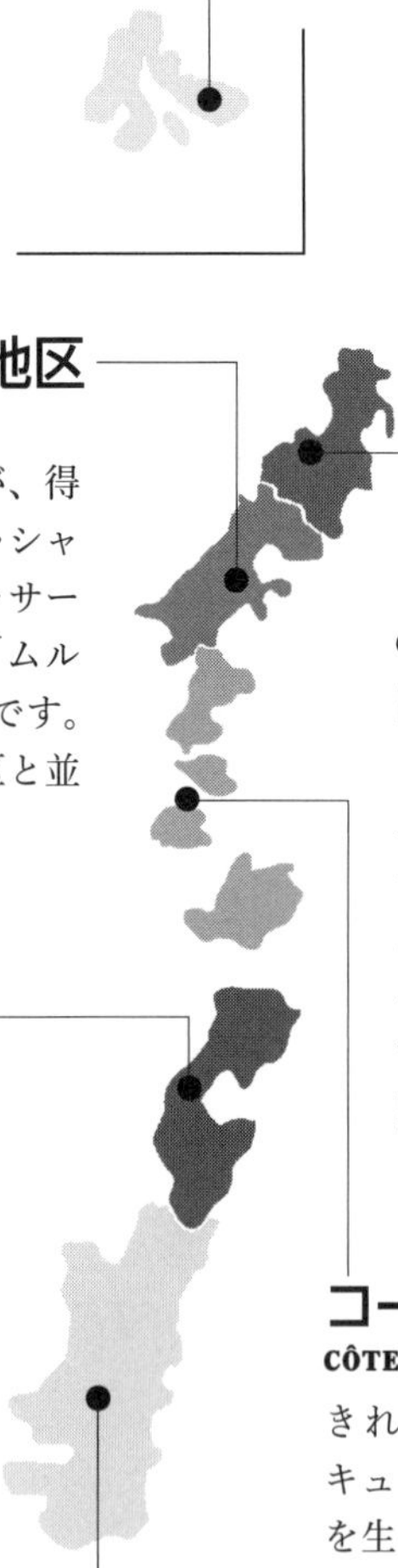

シャブリ地区

CHABLIS

シャルドネで造られる白ワインの名産地。ミネラル豊かで引き締まった酸味が特徴です。

コート・ド・ボーヌ地区

CÔTE DE BEAUNE

こちらは赤もありますが、得意なのは白。「コルトン・シャルルマーニュ」や「シャサーニュ・モンラッシェ」「ムルソー」などの白が有名です。コート・ド・ニュイ地区と並ぶ大スターです。

コート・ド・ニュイ地区

CÔTE DE NUITS

「ブルゴーニュの大スター」というべき地区。「ヴォーヌ・ロマネ」や「ジュヴレイ・シャンベルタン」などのピノ・ノワールによる銘醸ワインを生み出します。「ロマネ・コンティ」もこの地区のワインです。

マコネ地区

MÂCONNAIS

カジュアル系白が豊富な地区。優しい酸味の「プイィ・フィイッセ」が有名です。ここも上質な白が多く生産されています。

コート・シャロネーズ地区

CÔTE CHALONNAISE

きれいな酸味をもつ赤「メルキュレ」、繊細な白「リュリィ」を生み出します。日常に楽しめるワインも多いので、チェックしてみてください。

ボジョレー地区

BEAUJOLAIS

→ 116ページ

ブルゴーニュを家飲みするときに覚えておきたいキーワード

■ ブルゴーニュ・ルージュ＆ブルゴーニュ・ブラン

生産者のカジュアルラインです。「AC ブルゴーニュ」に属しますが、ていねいに育てられたブドウで造られているので、品質はお墨付き。安価でもハイレベルで、「生産者の醸造スタイルがわかるワイン」とも言われます。生産者によっては5,000円以上の高価なものがあったり、好みでない味に当たる場合もあるので、私は「ルイ・ジャド」「ジョゼフ・ドルーアン」「ルイ・ラトゥール」などの大手から選ぶようにしています。味に安定感があり、価格もリーズナブルです。中には、ラベルに「ブルゴーニュ・シャルドネ（ピノ・ノワール）」など品種が表記されている場合もありますが、これも「ブルゴーニュ・ブラン」「ブルゴーニュ・ルージュ」です。

■「シャブリ」と「プティ・シャブリ」

シャブリ地区にも格付けがあります。上から「シャブリ グラン・クリュ」「シャブリ プルミエ・クリュ」「シャブリ」「プティ・シャブリ」の4つ。狙いめは「シャブリ」と「プティ・シャブリ」です。太古、シャブリ地区は海の底にあったことから、海の堆積物を含んだ石灰質土壌で、ワインはキリリとした辛口に仕上がりますが、カジュアルクラスにもこの独特の美しい酸味が感じられます。この格付けは、ラベルに表記されています。

■ アリゴテ種　ALIGOTÉ

アリゴテ種は、かつては「酸が強くて深みのない味」と評され、シャルドネ種の陰に隠れていた品種でした。ブルゴーニュでは、カシスのリキュールで割るカクテル「キール」に使われるワインとして知られます。「地味」な品種ですが、近年では地元の生産者に見直され、ハイレベルなものも多数登場しています。ナッツのようにオイリーでふっくらとしたニュアンスがあり、天ぷらやグラタンなどによく合います。価格もかなりリーズナブル。ラベルには「ブルゴーニュ・アリゴテ」と表記されています。

ブルゴーニュの「家飲み」おすすめワイン

カジュアルながら、ブルゴーニュらしい優雅さが漂う。
王道の生産者ならではの安定感を楽しんでください。

花のような香りがチャーミング “プレミアム感”に満ちた上質さ

ブルゴーニュ シャルドネ 2019

白い花やレモン、バニラの香り。爽やかな酸味とふくよかな果実味。コクがありながらも飲みやすく、デイリー・ユースとしてトップレベル。コート・ドール地区とコート・シャネローズ地区のシャルドネ種を厳選して造られるブルゴーニュ・ブラン。サラダやパスタ、塩の焼き鳥などに。ワインのプロフェッショナルにもファンが多い。1797年創業、”白の名手”と謳われる家族経営の老舗。

■品種／シャルドネ
■生産地／フランス ブルゴーニュ地方
■生産者／ルイ・ラトゥール
■2,626円　ハーフサイズ1,401円(参考価格／編集部調べ)
■問い合わせ／アサヒビール TEL 0120-011-121(お客様相談室)

「ブルゴーニュのピノ」が 理解できる“定番中の定番”

ブルゴーニュ ピノ・ノワール 2018

チェリーやスパイスの香り。豊かな果実味とピュアな酸味のバランスがよく、渋みもやわらか。ハンバーグや、シンプルに焼いたステーキとの相性は抜群。テロワールを重視したスタイルで知られる1859年創設の老舗。240ヘクタールの広大な畑を所有する大ドメーヌで地元の農家から信頼を得ている。

■品種／ピノ・ノワール
■生産地／フランス ブルゴーニュ地方
■生産者／ルイ・ジャド
■3,025円
■問い合わせ／日本リカー TEL 03-5643-9770
https://drinx.kirin.co.jp

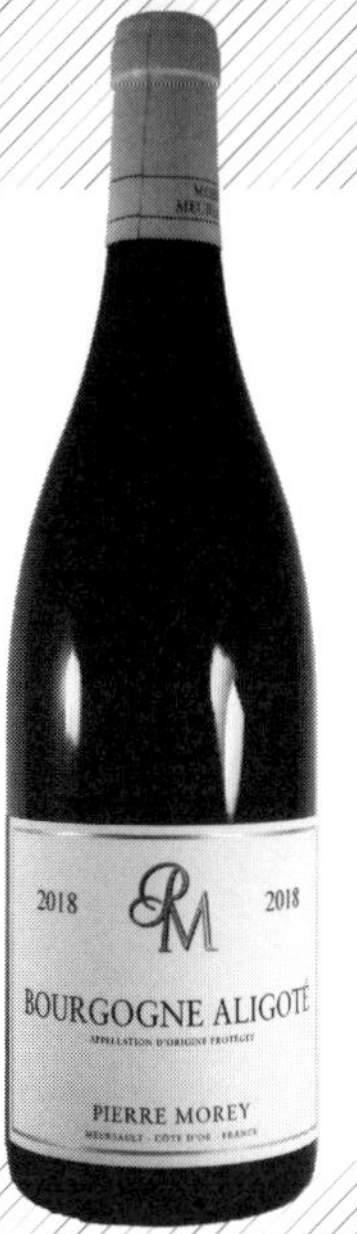

銘醸地の個性を反映する「ムルソー村のアリゴテ」

ブルゴーニュ・アリゴテ 2018

レモンやスズランのようなフローラルな香り。フレッシュな酸味とフルーティーさが際立つ。コクと深みのある味わい。ムルソー村で、ビオディナミ農法で栽培するアリゴテ種を使用、テロワールに忠実な造り。天ぷらやカルボナーラ、ピッツァなどに。※ビオディナミ……有機農法を基本に天体の運行に合わせて自然の潜在能力を引き出す農法のこと。オーストリアの人智学者 ルドルフ・シュタイナーが提唱。

■品種／アリゴテ
■生産地／フランス ブルゴーニュ地方
■生産者／ピエール・モレ
■2,420円
■問い合わせ／ラック・コーポレーション TEL 03-3586-7501
https://order.luc-corp.co.jp

柑橘の香りとキリリとした酸 シャブリらしいシャブリ

プティ・シャブリ 2018

レモン、グレープフルーツ、青リンゴの香りとシダのニュアンス。石灰石を感じさせるミネラル感とピュアな果実味。淡いグリーンがかった色合いがシャブリらしい若々しい印象。果実味と酸味のバランスがよく、ミネラルともバランスよく調和している。生牡蠣や焼き牡蠣、寿司や刺身、魚介類のパスタとも好相性。「ビヨー・シモン」は、テロワールの魅力を引き出す生産者として知られる。ブドウは１級畑や特級畑に隣接する優良区画のブドウを使用。

■品種／シャルドネ
■生産地／フランス ブルゴーニュ地方
■生産者／ビヨー・シモン
■2,860円
■問い合わせ／ラック・コーポレーション TEL 03-3586-7501
https://order.luc-corp.co.jp

ブルゴーニュ地方

ボジョレー

BEAUJOLAIS

フレッシュ＆フルーティーな「家飲み」ワインの優等生

ボジョレーはブルゴーニュの南、リヨン市に近い場所にある生産地で、ブルゴーニュワインのひとつです。使われるブドウは、赤はガメイ種、白はシャルドネ種。粘土石灰質と花崗岩質が多い土壌で、ふくよかな果実味の中に繊細な酸味を含んだブドウが育ちます。

フレッシュ＆フルーティーで気軽に楽しめ、しかもリーズナブル。「家飲み」向きのワインです。有名なのが、毎年11月第3木曜日に新酒の解禁を祝う「ボジョレー・ヌーヴォー」です。起源は聖マルティヌスの祝祭日で、現地では収穫に感謝するお祭りとして楽しまれてきました。かつては「水っぽいワイン」と厳しく評されたことがありましたが、生産者たちが真摯にワイン造りに向き合い、その品質は向上しています。

知っておきたい、個性豊かな「クリュ・デュ・ボジョレー」

ボジョレーの最高峰が「クリュ・デュ・ボジョレー」です。これは10の村のみに与えられたAOC（原産地統制呼称制度）の最高格付けで、土地の個性が顕著に感じられます。芳醇な「モルゴン」、華やかな「サン・タムール」、洗練された「フルーリー」、エレガントな「ムーラン・ナ・ヴァン」、美しい酸味の「ジュリエナ」などが特に人気です。

最高格付けといっても、ボジョレーワインの価格はボルドーやブルゴーニュに比べればかなり安価で、5,000円ほどで最高レベルのものが購入できるのが魅力です。リーズナブルでも質が高いのがボジョレーのよさ。「クリュ・デュ・ボジョレー」にはラベルに村名が必ず明記されているので、覚えておくと、ワイン選びのときに便利です。

ワイン愛好家には「ガメイ種が苦手」という人が多く、実は私もそのひとりだったのですが、「クリュ・デュ・ボジョレー」を飲んで印象が変わりました。ブルゴーニュのピノ・ノワール種に比肩する味わいのワインも多く、実に表情豊かです。

老舗の自然派生産者
ナチュラルな味わいが魅力

ボジョレ・ヴィラージュ ラ・ロッシュ　2017

チュリーや黒コショウの香り。果実味豊かでフルーティー、ピュアな味わい。タンニンも滑らか。焼肉やビーフシチューなどがさらにおいしく感じられる。ブルイィ地区に４代続く造り手で、100年にわたり、無農薬、有機栽培で40〜100年の樹齢のブドウを育てている。「ラ・ロッシュ」は単一畑の名。ブドウ本来の味を生かしたナチュラルなワイン造りに根強いファンが多い。

■品種／ガメイ
■生産地／フランス ブルゴーニュ地方（ボジョレー）
■生産者／ドメーヌ・ジュベール
■2,530円
■問い合わせ／木下インターナショナル TEL 075-681-0721
https://www.pontovinho.jp

エレガントで奥深い味
ワンランク上の華やかさ

ジョルジュ デュブッフ ムーラン ナ ヴァン

チェリーやラズベリー、バラの香り。アロマティックで華やかな印象。エレガントな酸味で、力強く芳醇な味わい。たれの焼き鳥やローストチキン、レンコンの挟み揚げなどに。ボジョレー・ヌーヴォーの世界的立役者が「ジョルジュ デュブッフ」。ヌーヴォーだけでなく、村名ワイン（「クリュ・デュ・ボジョレー」）も高品質。故ジョルジュ・デュブッフ氏は「ボジョレーの帝王」と称された人物。日本をこよなく愛し、ヌーヴォーの時期には毎年来日していた。

■品種／ガメイ
■生産地／フランス ブルゴーニュ地方（ボジョレー）
■生産者／ジョルジュ デュブッフ
■2,673円（参考価格／編集部調べ）
■問い合わせ／サントリーお客様センター TEL 0120-139-380

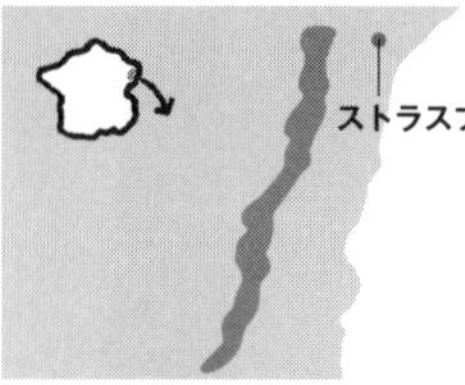

フランス③

アルザス地方

ALSACE

「主役」は酸味がキリリとした白

アルザス地方は、フランス北東部、ドイツとの国境にあるワイン産地です。かつてドイツ領となった歴史があることから、ワインや食文化もドイツと共通するものは多いのですが、アルザスの人々は「私たちはフランスにもドイツにも左右されないアルザス人だ」という誇りをもっています。

ここで造られるワインは、90パーセント以上が白です。リースリング種やゲヴュルツトラミネール種、ピノ・グリ種などですが、北のワインらしく、酸味がキリリとして、すっきりした味わいのものが多いです。赤はピノ・ノワール種で、クールな果実味とピュアな酸味が魅力的です。

アルザスの魅力は「わかりやすさ」にあります。多くが単一品種で造られ、ラベルには品種が表示されていて「品種フォーカス」なのです。AOC（原産地統制呼称制度）の格付けも「AOC アルザス・グラン・クリュ」(51区画)、「AOC アルザス」「AOC クレマン・ダルザス」（スパークリングワイン）の3つとシンプルです。「AOC グラン・クリュ」はリースリング種、ゲヴュルツトラミネール種、ピノ・グリ種、ミュスカ種の4種の白ブドウの中でも、高品質のものを産出する区画（畑）にのみ与えられます。

だしが効いた「鍋もの」がおいしくなる！

アルザスワインは「ほぼハズレがない、優等生」でもあります。しかも、「ヒューゲル」や「トリンバック」のような老舗のものでもリーズナブルです。代表品種のリースリング種はなかなかの実力者で、「鍋もの」を華やかに楽しませてくれるのです。たとえばポトフならソーセージやスープがしみ込んだジャガイモが、またおでんなら、はんぺんやちくわなどの地味な素材が、リースリング種の甘酸っぱさで奥深い味わいに変わります。

また、オーガニックワインの宝庫としても知られています。ビオディナミ農法の大御所ツィント・フンブレヒトやマルク・テンペなどが有名ですが、自然にのっとった造りを志す生産者が多くいます。手ごろでナチュラルな味わいのアルザスワインは「家飲み」の心強い味方です。

リースリングの魅力がわかる
ベーシックな味

リースリング クラシック 2019

レモンや洋梨の香りとすっきりとしてキレのいい酸味。果実味はふくよかで、オイリーなニュアンス。ポトフやおでんなどの鍋ものや、グラタンやドリアなどクリーミーな料理と好相性。レモンパイと合わせても楽しい。「ヒューゲル」は、1639年リクヴィルに創設された老舗で「ワインの品質は100パーセントブドウによって決まる」がモットー。約400年間、13代にわたってその品質を守り続けている。

■品種／リースリング
■生産地／フランス アルザス地方
■生産者／ファミーユ・ヒューゲル
■3,025円
■問い合わせ／ジェロボーム TEL 03-5786-3280

土地の個性が生きて
奥深くエレガントな味

ピノ・ブラン 2018

洋梨やハーブの香りとハチミツのニュアンス。コクがあり、エレガントな味わい。1620年創業、"アルザス最高峰"と称される造り手。鍋ものやキッシュ、鶏のローストによく合う。「ツィント・フンブレヒト」の12代目当主であるオリヴィエ・フンブレヒト氏は、世界のビオディナミ農法の第一人者。テロワールと品種の特性を明確に反映させたワイン造りにファンが多い。

■品種／ピノ・ブラン
■生産地／フランス アルザス地方
■生産者／ドメーヌ・ツィント・フンブレヒト
■2,970円
■問い合わせ／日本リカー TEL 03-5643-9770

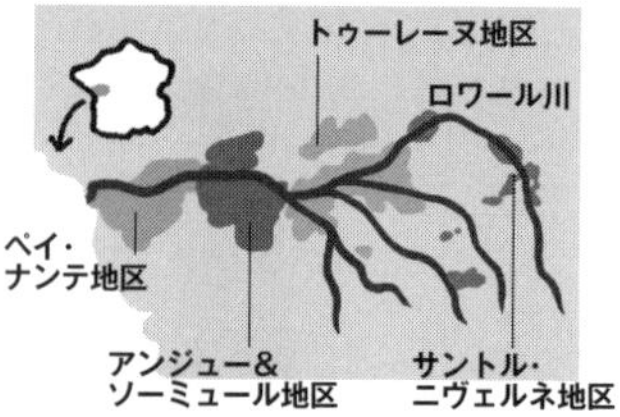

フランス④
ロワール地方
LOIRE

爽やかでフレッシュな白とカベルネ・フラン種が魅力

パリの南西、「フランスの庭園」と謳われるのがロワール地方です。全長1000キロメートルを超すロワール川に沿って有名なお城が立ち並びますが、ブドウ栽培もさかんに行われています。土地が広大で、土壌や気候も異なることから造られるワインも多彩で、赤、白、ロゼ、泡と、すべて揃っています。

一番海に近いペイ・ナンテ地区ではミュスカデ種を使用し、「シュール・リー」というワインと澱を接触させる製法で、うまみを引き出したフレッシュな白が造られています。その上流のアンジュー＆ソーミュール地区では、カベルネ・フラン種を使ったしなやかな赤とほのかな甘みのロゼ（「ロゼ・ダンジュー」）、シュナン・ブラン種で造られる果実味豊かな白など、実に種類豊富です。さらに上流に上ったトゥーレーヌ地区は「ヴーヴレ」や「ブルグイユ」などのエレガントでコクのある赤を生み出しています。内陸に位置し、寒暖差の大きなサントル・ニヴェルネ地区ではソーヴィニヨン・ブラン種の栽培がさかんで、爽やかな白の「サンセール」やスモーキーなニュアンスをもつ「プイィ・フュメ」などが有名です。

ロワールは自然派ワインが多いことでも知られており、ビオワインの生産者も多く、個性豊かなワインを生み出しています。

和食にぴったりの上質な家飲みワインの宝庫

ロワールワインの大きな魅力は、「カジュアルで上質」であることです。ボルドーやブルゴーニュのような高級ワインと呼ばれるものは多くはなく、日常的に楽しめるワインが多いのです。白ワインは総じて酸味がフレッシュで、キリリとしています。これが和食によく合います。軽やかでうまみを感じるミュスカデ種は白身の刺身や生牡蠣などとも相性がよく、魚介類のうまみをより引き立たせてくれます。ソーヴィニヨン種で造られるすっきりとした白は、焼き魚や寄せ鍋などによく合います。まろやかなカベルネ・フラン種なら鰻や焼肉、とんかつも合うと思います。ちょっと脂っぽい料理をエレガントに楽しませてくれるのが、ロワールの赤の魅力です。

コストパフォーマンス“大”の
カベルネ・フラン種

プティ・ブルジョワ カベルネ・フラン IGP ヴァル・ド・ロワール 2018

イチゴやチェリーの香りとローズペッパーのニュアンス。細やかで滑らかなタンニンと清らかな酸味がチャーミング。飲み口もフレッシュでフルーティー。里芋とイカの煮物、クレソンを添えたすき焼きなどとも好相性。「アンリ・ブルジョワ」はサンセールの地で10代続く老舗で、世界的な評価が高い造り手。カジュアルラインでも、エレガントさを満喫できる。

■品種／カベルネ・フラン
■生産地／フランス ロワール地方
■生産者／アンリ・ブルジョワ
■2,640円
■問い合わせ／JALUX TEL 03-6367-8756

ユーモアに満ちた
ラベルが楽しい！

クレ・デュ・ソル シャントグロール 2016

白い花やレモンなど柑橘の香り。まろやかな果実味と繊細で優しい酸味。ミネラルも豊か。個性ある区画・シャントグロールのブドウのみを使用。区画名の「シャント（歌う）」から、「ブドウの木がト音記号だったら」と発想、ユーモラスなラベルデザインに。1858年創業の名門ドメーヌで、厳格なリュット・レゾネ（減農薬）栽培を実践。

■品種／ミュスカデ
■生産地／フランス ロワール地方
■生産者／ポワロン・ダバン
■2,530円
■問い合わせ／ヌーヴェル・セレクション TEL 03-5957-1955

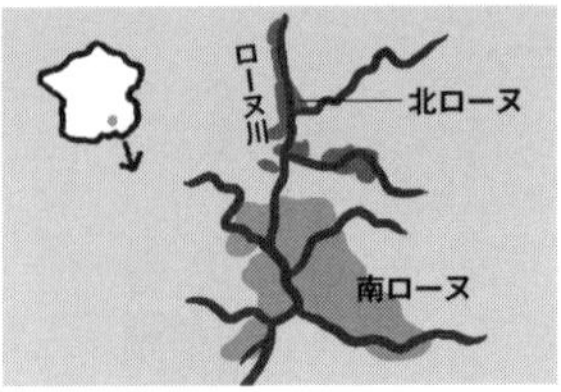

フランス⑤

ローヌ地方

CÔTES DU RHÔNE

まろやかな味わいがこの地方の魅力

コート・デュ・ローヌは、ローヌ川を中心に広がるワイン産地です。南北に長く伸びているため、北と南では気候や土壌が異なり、ワインのスタイルも大きく違っています。北ローヌは、赤はシラー種、白はヴィオニエ種が単一で使われることが多く、凝縮した果実味の芳醇なワインが生まれます。南ローヌは、赤にはグルナッシュ種やムールヴェドル種、白にはマルサンヌ種やルーサンヌ種などがブレンドして使われるのが一般的です。北ローヌのスパイシーさを感じるスタイルに比べると、赤も白も、果実味がふっくらとして、まろやかな味わいに仕上がります。

この地は、銘醸ワインが生まれるところとしても知られています。北ローヌで有名なのが、黒ブドウのシラー種と白ブドウのヴィオニエ種をブレンドした「コート・ロティ」と、シラー種主体で造られ、凝縮感のある果実味の「クローズ・エルミタージュ」です。これらはフランスの銘醸ワインのひとつとされています。また、ヴィオニエ種だけで造られる香り豊かな「コンドリュー」も見逃せません。

南ローヌなら、これも銘醸ワインのひとつである「シャトーヌフ・デュ・パプ」でしょう。グルナッシュ種を主体にシラー種やムールヴェドル種をブレンドし、芳醇でエレガントな味わいです。

「ほっこりしたいとき」飲みたくなるワイン

この地方の魅力は、「力強さ」と「ほっこり感」だと私は思っています。前述の「コート・ロティ」や「クローズ・エルミタージュ」「シャトーヌフ・デュ・パプ」は高級ワインながら、どこか伸びやかさを感じます。太陽の恵みと季節風の「ミストラル」の影響を受け、乾燥した気候の中、ブドウは完熟して健康に育つため、凝縮感がありつつもゆったりとした果実味を備えています。

これは、カジュアルなワインにも言えることですが、私は、ちょっとコクのあるワインでほっこりしたいとき、コート・デュ・ローヌを選びます。

「コート・デュ・ローヌの白」が理解できる味わい

レ・ベック・ファン・ブラン 2019

白い花や黄桃、アプリコットなどの香りが華やかで、スパイスの香りがエキゾティック。凝縮した果実の甘みと優しい酸味が際立つ。口当たりもリッチ。白身魚のカルパッチョや、エビフライなど香ばしさのある揚げ物と。軽めに楽しむなら、塩気のある生ハムと。「タルデュー・ローラン」は「ローヌ随一の目利き」と称されるネゴシアン。

■品種／ヴィオニエ、グルナッシュ・ブラン、ルーサンヌ、マルサンヌ、クレレット
■生産地／フランス ローヌ地方
■生産者／タルデュー・ローラン
■2,750円
■問い合わせ／エノテカ TEL 0120-81-3634
https://www.enoteca.co.jp

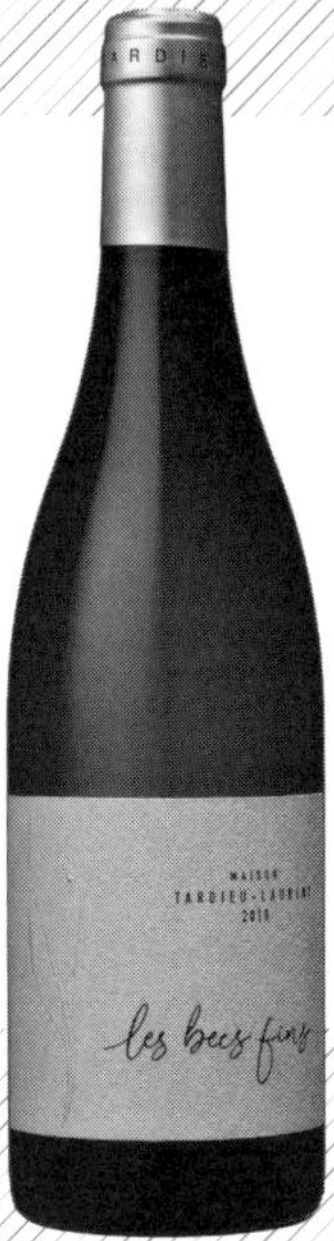

“ローヌの帝王”の味を気軽に

コート・デュ・ローヌ ルージュ 2016

カシスやブラックベリー、プラムなど黒系果実のコクのある香りとスミレのフローラルな香りが相まって、芳醇なアロマ。黒コショウなどスパイスのニュアンスも。タンニンはしっかりとありながらもなめらか。鶏のから揚げや牛のカツレツ、すき焼きなどと楽しみたい。1946年の設立で、瞬く間に「北部ローヌの盟主」と評されるようになった実力派の家族経営の造り手。

■品種／シラー、グルナッシュ、ムールヴェドル
■生産地／フランス ローヌ地方
■生産者／E.ギガル
■2,200円
■問い合わせ／ラック・コーポレーション TEL 03-3586-7501
https://order.luc-corp.co.jp

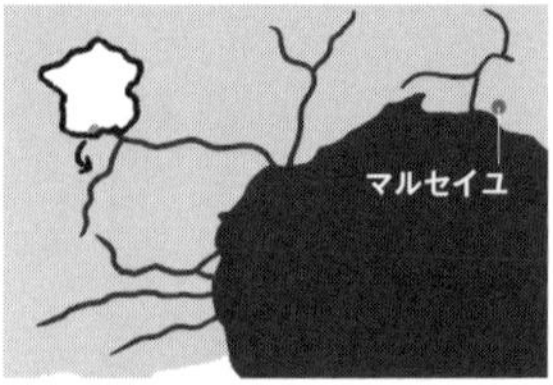

フランス⑥

ラングドック・ルション地方

LANGUEDOC-ROUSSILLON

年々進化する「家飲みワイン」のパラダイス！

プロヴァンス西部からスペイン国境まで、地中海沿岸に広がるのがラングドック・ルション地方です。地中海性気候の乾燥した地で日照時間が多いことから、病害虫も少なく、ブドウ栽培に向き、古来、ワイン造りがさかんになされてきました。

この地方のワイン生産量はフランス一で、40パーセント以上を占めています。AOCのワンランク下の「ヴァン・ド・ペイ(IGP)」と呼ばれるリーズナブルなワインの生産がほとんどで、長く「質より量の地域」と目されてきましたが、近年目覚ましい変化を遂げ、次々と高品質のワインが誕生しています。元来ブドウ栽培に適した土地柄で技術次第で高品質のワインを造れる可能性があること、畑の価格がブルゴーニュなどに比べると安価であることなどから、意欲ある元有名ワイナリーの醸造家や気鋭の若い造り手が次々とこの地に参入しています。自らのスタイルを重視した造りで、個性的で魅力的なワインが多いのも特徴です。しかも安価なので、「家飲み」したくなるワインが多くあります。

「在来品種のブレンドスタイル」が魅力

赤はグルナッシュ種、シラー種、ムールヴェドル種、カリニャン種などが、白はグルナッシュ・ブラン種、ピクプール種、クレレット種などの多くがブレンドして造られ、どちらもボリュームのある果実味で優しい酸味のワインに仕上がります。「クリュ・デュ・ラングドック」という厳しい規定の格付けもありますが、この地の魅力は格付けよりもこの地ならではの在来品種の魅力を楽しめることだと、私は思っています。グルナッシュ種（スペインではガルナッチャ）は果実味と酸味が強く、渋みが優しい品種です。ムールヴェドル種はスパイシーなニュアンスがあり、カリニャン種は渋めのタンニンが特徴的です。これらの品種からはちょっと野性的なニュアンスが感じられるので、キノコ料理や鶏のローストなどと合わせると楽しめると思います。

有名シャトーの元醸造家が造る スタイリッシュで上品なワイン

シャトー・ダングレス クラシック・ルージュ 2019

凝縮感があり、丸みのある果実味。カシスやブルーベリー、黒コショウの香り。甘草の甘苦いニュアンスも。タンニンはしっかりありながらもなめらかで、上品な味わい。５大シャトーの「シャトー・ラフィット・ロスチャイルド」の元醸造責任者エリック・ファーブル氏がリタイアし、新天地で造るワイン。たれの焼き鳥や煮物など、醤油味の和食と好相性。同ブランドの白やロゼもおすすめ。

■品種／シラー、グルナッシュ、ムールヴェドル
■生産地／フランス ラングドック・ルション地方
■生産者／シャトー・ダングレス
■1,980円
■問い合わせ／アルカン TEL 03-3664-6591

ラングドックの歴史的生産者

コルビエール
サン トリオル シャトレンヌ ルージュ 2017

チェリーやラズベリーの赤い果実とナツメグなどスパイスの香り。心地よいタンニンがまろやかに溶け込んでいる。「ドメーヌ・オリオル」はコルビエール地区でもっとも古い生産者。この地のオーガニックの先駆者でもある。豚の角煮などコクのある味わいの肉料理に。

■品種／シラー、グルナッシュ、カリニャン
■生産地／フランス ラングドック・ルション地方
■生産者／ドメーヌ・オリオル
■1,980円
■問い合わせ／ラック・コーポレーション TEL 03-3586-7501
https://order.luc-corp.co.jp

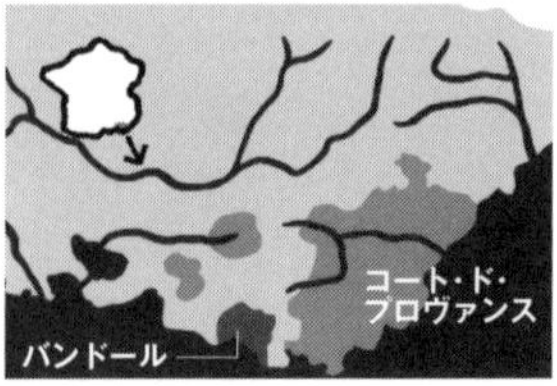

フランス⑦

プロヴァンス地方

PROVENCE

プロヴァンスは「ロゼ天国」！

「プロヴァンスワイン＝ロゼ」と言っても過言ではないほど、プロヴァンスではさまざまなスタイルのロゼが造られています。フランスのロゼ生産量の42パーセント以上を占めるといわれ、ここ10年ほどの世界的なロゼブームと相まって、その人気は年々高まっています。ロゼがプロヴァンスワインの「主役」ではありますが、赤と白も造られています。赤は総じて果実味豊かで爽やかな酸味、白はすっきりとしてキリリとした酸味が魅力です。一般的に辛口で早飲みタイプのワインが造られています。

プロヴァンスにはいくつかのワイン産地がありますが、有名なのがフレッシュでフルーティーなロゼを産出するコート・ド・プロヴァンスとコクのあるロゼが特徴のバンドールです。特に、コード・ド・プロヴァンスのロゼは、ニースやカンヌなどの高級リゾートが近いこともあり、どこかスタイリッシュなイメージが漂います。ブラッド・ピットが所有するミラヴァルやジョージ・ルーカスがオーナーのシャトー・マルギなど、ハリウッドセレブのワイナリーがこの地にあることもイメージアップに一役買っています。

バカンス気分でリラックス

ここは温暖な地中海気候で、ブドウの生育条件に恵まれ、ワイン造りの歴史もフランス最古で、紀元前からおこなわれていました。ブドウは多くが在来品種で、黒ブドウはグルナッシュ種、シラー種、サンソー種、ムールヴェドル種、白ブドウはクレレット種、ヴェルメンティーノ種、ユニ・ブラン種など。なじみのある品種ではありませんが、どこか素朴でチャーミングな味を楽しませてくれます。

夏の暑い日にキリリと冷やして飲むのが一番ですが、私は週末の夕方などにも楽しんでいます。サーモンピンクやバラ色の美しい色合いと、潮風やハーブの香りは「リラックス効果大」。バカンス気分を味わわせてくれるのが、プロヴァンスワインならではの大きな魅力だと思います。

ハリウッドスターが手がけるロゼ

ステュディオ バイ ミラヴァル 2020

淡いピンク色が美しい。レモンやオレンジ、キンモクセイの華やかな香り。リッチな果実味の中にかすかな塩味が感じられる。イキイキとした酸味とゆったりとしたミネラル感。魚介類のパスタやカルパッチョ、クスクスなどと。ブラッド・ピットが南仏屈指の生産者であるペラン家とともに造る世界的人気のロゼ「ミラヴァル」のセカンドラベル。

■品種／サンソー、グルナッシュ、ロール、ティブラン
■生産地／フランス プロヴァンス地方
■生産者／ミラヴァル
■2,750円
■問い合わせ／ジェロボーム TEL 03-5786-3280

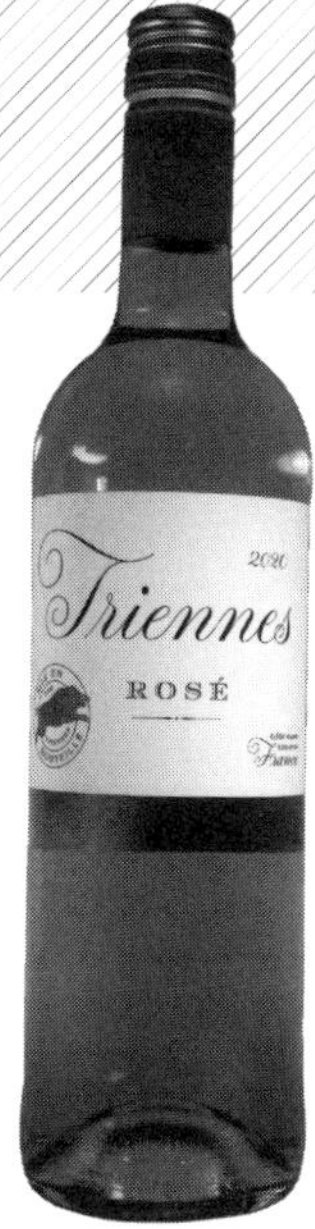

南仏のリゾート気分に浸れる、華やかな香りのロゼ

I.G.P.メディテラネ ロゼ 2020

洋梨やバラ、黒コショウの香り。心地よい酸味と塩のニュアンス。軽やかな飲み口で、清涼感に満ちた味。シーフードサラダや生春巻きなどによく合う。「トリエンヌ」はブルゴーニュの「DRC（ドメーヌ・ド・ラ・ロマネ・コンティ）」のオベール・ド・ヴィレール氏と「ドメーヌ・デュジャック」のジャック・セイス氏という名門同士のコラボレーション。

■品種／サンソー、グルナッシュ、シラー、メルロ
■生産地／フランス プロヴァンス地方
■生産者／トリエンヌ
■2,200円
■問い合わせ／ラック・コーポレーション TEL 03-3586-7501
https://order.luc-corp.co.jp

イタリア

ITALY

個性豊かな在来品種が楽しい

イタリアワインは、それぞれの土地に個性的な在来品種があり、その味わいは実にバラエティ豊か。「ローマ帝国の時代からある品種」も健在で、歴史好きにはイメージがふくらみます。

フリウリ=ヴェネツィア・ジュリア州

トロピカルな香りが魅力的
○フリウラーノ種

花の香りと美しい酸味
○リボッラ・ジャッラ種

ヴェネト州

レモンの香りとミネラル
○ガルガネーガ種

マルケ州

淡い緑が美しく酸味が豊富
○ヴェルディッキオ種

ピエモンテ州

高貴で複雑な味わい
●ネッビオーロ種

華やかで甘い香り
○モスカート・ビアンコ種

トスカーナ州

美しく、繊細な酸味
●サンジョヴェーゼ種

カンパーニア州

芳醇でコクのある味
●アリアニコ種

ミネラル感とふくよかな果実味
○グレコ種

爽やかでフレッシュ
○ファランギーナ種

シチリア州

エレガントな果実味と酸味
●ネレッロ・マスカレーゼ種

コクがありつつ繊細な赤
●ネロ・ダーヴォラ種

フレッシュでミネラル豊か
○カッリカンテ種

エキゾティックな花の香り
○グリッロ種

多彩な在来品種の「温かみのある味」が魅力

イタリアワインの魅力は、多彩な在来品種にあります。国際品種とはまたひと味違い、洗練された味の中にも、どこか素朴さや温かみが感じられます。地中海とアドリア海に面したイタリアは、気候が穏やかで日照にも恵まれ、20のすべての州でワイン造りがなされています。それぞれの州に個性的な在来品種があり、その数は2000種以上とも言われています。耳慣れない名前に最初は戸惑いますが、一度飲んでみると印象に残ることが多いので、気に入った品種をひとつずつ覚えていくと、イタリアワインに親しみを覚えるようになります（私がそうでした）。とはいえ、イタリアワインは造りの自由度も高く、当たりはずれもあります。はずしたくないときは、2000円以上を目安にするとよいと思います。

みんなの幸せを願う「貴族のワイン」

イタリアは「貴族が造るワイン」が多いのも特徴です。昔から領主として畑を所有していたことが大きな理由ですが、それらは決して特権階級のワインではなく、地元の人々と手を携えて造る「誰からも愛される味のワイン」です。取材を通じて、オーナーたちの思いや功績に触れ、「貴族のワイン」を見る目が変わりました。地元で愛されるカジュアルなものも多いので、ぜひチェックを。

イタリア北部

ITALY

高級ワインだけじゃない！魅力あふれる北部

イタリア北部はトスカーナ州と並んで銘醸ワインの産地です。ピエモンテ州のネッビオーロ種から造られる「バローロ」や「バルバレスコ」など、イタリア最高峰の赤ワインがよく知られています。モスカート・ビアンコ種で造られる甘口のスパークリングワイン「アスティ・スプマンテ」も根強い人気があります。

ヴェネツィアを州都とするヴェネト州はイタリアでもワイン生産量が多い州のひとつで、赤、白、スパークリングの「プロセッコ」など、多彩なワインを生み出しています。白はガルガネーガ種で造られる爽快な「ソアーヴェ」が有名です。ヴェネツィアには、「バーカロ」と呼ばれる居酒屋でおつまみとグラスワインを楽しむ「オンブラ・エ・チケッティ」という食文化があるのですが、以前観光で訪れたとき、これがとても楽しかったので、私はたまにプロセッコと生ハム、アジの南蛮漬けなどを用意して「ひとりバーカロ」を楽しんでいます。

押さえておきたい「フリウリの白」

近年、注目されているのがフリウリ＝ヴェネツィア・ジュリア州です。フリウリの白は、その品質のよさから瞬く間に「白の聖地」と評されるようになりました。フリウリは、アルプスからの冷たい風とアドリア海からの温かい風が混じる、一日の寒暖差の大きな土地で、ピュアな味わいの白ブドウが育ちます。アーモンドのような風味でちょっと苦みを感じるフリウラーノ種、コクがありつつも繊細なリボッラ・ジャッラ種など、魅惑的な品種があります。

今、オレンジワインがワイン界で脚光を浴びていますが、そのきっかけとなったのがフリウリのオレンジワインでした。オレンジワインの発祥は古代ジョージア（グルジア）ですが、この地で復活したハイレベルのオレンジワインが脚光を浴びたことで、一躍ブームとなりました（169ページ）。「きれいな酸味」のフリウリはチェックしておきたい地域です。

トラディショナルなプロセッコ

ミオネット プロセッコ DOC トレヴィーゾ ブリュット

白い花や青リンゴ、レモン、アンズの香り。フレッシュな酸味でフルーティーな味わい。果実味も泡立ちも優しく、やわらかな印象。余韻に残る繊細な苦みが心地よい。白身魚のカルパッチョや海老とマッシュルームのアヒージョ、マリネ、鶏肉など幅広く対応。「ミオネット」は1887年にヴァルドッビアーデネに創業した最古のプロセッコメーカー。

■品種／グレーラ
■生産地／イタリア ヴェネト州
■生産者／ミオネット
■2,167円（参考価格／編集部調べ）
■問い合わせ／サントリーお客様センター TEL 0120-139-380
https://cave-online.suntory-service.co.jp

リッチな果実味と優雅さを気軽に

マァジ　カンポフィオリン 2017

ブラックチェリーやプルーン、スミレの香り。樽で熟成しているため、樽由来のバニラの香りも感じられる。果実味は豊かで凝縮感があり、タンニンはしなやか。コクのある味わいで、上品さと力強さを兼ね備えている。「マァジ」は1772年創設、エレガントなスタイルに定評ある造り手。ボロネーゼやキノコやバターを使ったパスタやローストした肉料理とよく合う。凝縮感のある赤が好きな人におすすめ。

■品種／コルヴィーナ、ロンディネッラ、モリナーラをブレンド
■生産地／イタリア ヴェネト州
■生産者／マァジ
■3,300円
■問い合わせ／日欧商事 TEL 0120-200105

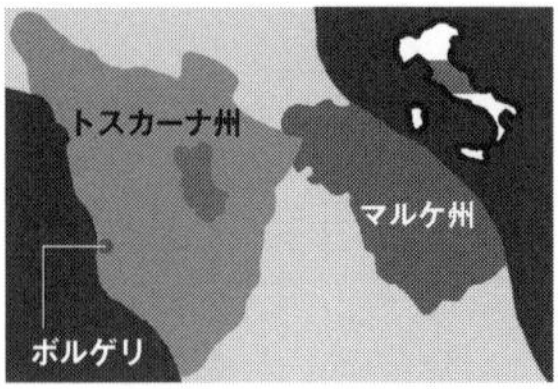

イタリア中部

ITALY

サンジョヴェーゼ種の「キャンティ」がこの地の「女王」

主役は、なんといってもトスカーナ州キャンティ地方で造られる「キャンティ」。豊かな果実味ときれいな酸味で、どこか親しみやすい味わいが魅力です。その人気の高さと、イタリアにおけるワイン法の整備が遅れたことから、キャンティ周辺の村でも「キャンティ」を名乗るワインが多数登場し、玉石混交の相を呈しました。キャンティの生産者たちはこれを危惧して、昔から「キャンティ」を造っている地域だけが「『キャンティ・クラッシコ』と名乗ってよい」という格付けDOCG（デノミナツィオーネ・ディ・オリジネ・コントロラータ・エ・ガランティータ／原産地統制呼称制度）が1996年に制定されました。この格付けを証明するのが「黒い雄鶏マーク」で、これがラベルにあるキャンティ・クラッシコは「安心」と思って大丈夫です。これらは高級ワインの範疇に入りますが、3000円以下でも秀逸な「キャンティ・クラッシコ」は多くあります。「クラッシコ」がつかない「キャンティ」でも、名門「アンティノリ」のカジュアルラインなど、「家飲み」向きの優秀なものは多数。家庭でイタリアンを楽しむとき、トマト味の煮込み料理などと合わせてみてください。

ボルゲリのロゼや白も魅力的

トスカーナで注目の産地がボルゲリです。ここは地中海に面した小さな町で、夏になると小さな商店街の店先に浮き輪が並ぶような、昔ながらののどかなリゾート地です。「サッシカイア」や「オルネッライア」など、「スーパータスカン（トスカーナ）」と呼ばれるボルドースタイルの超高級ワインの聖地でもありますが、実は、日常に楽しめる白やロゼの名産地でもあります。海辺の産地らしく、潮風のニュアンスを含んだ香りと味はなんとも心地よく、魚介類を楽しむのにぴったりです。

トスカーナ州以外にも魅力的なワインが多数あります。マルケ州のヴェルディッキオ種を使った白なども近年注目されています。酸がフレッシュで軽やかな苦みがあり、料理を引き立てます。

気品を感じる「キアンティ クラッシコ」

キアンティ クラッシコ ロベルト・ストゥッキ 2016

赤いベリーやアイリスの香り。樽熟成由来のバニラの香りも。豊かな果実味の中にきれいな酸味が溶け込み、余韻も長い。価格以上の価値ある１本。赤身肉のステーキやすき焼き、ボロネーゼなどに。オーナーのエマヌエラ・ストゥッキ・プリネッティさんは女性初のキアンティ・クラッシコ協会の会長を務めた人物で、メディチ家の末裔でもある。

■品種／サンジョヴェーゼ
■生産地／イタリア トスカーナ州
■生産者／バディア・ア・コルティブォーノ
■3,300円
■問い合わせ／日欧商事 TEL 0120-200105

歴史ある名家が造る
カジュアル・トスカーナ

レモーレ 2019

赤スグリとブルーベリーの香り。軽やかなスパイス香とスミレ、ユーカリの香りも。生ハムやサラミ、黒酢の酢豚や肉団子などにも。権威あるワイン専門誌『ワイン・スペクテイター』でも「コストパフォーマンスがよいワイン」として多数表彰される。フレスコバルディ家は1000年以上前に遡り、ルネッサンスにも貢献した名門。

■品種／サンジョヴェーゼ、カベルネ・ソーヴィニヨン
■生産地／イタリア トスカーナ州
■生産者／フレスコバルディ
■2,200円
■問い合わせ／日欧商事 TEL 0120-200105

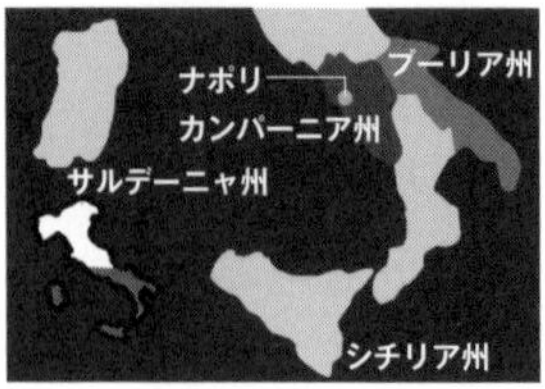

イタリア南部

ITALY

アリアニコ種は芳醇でエレガント

シチリアやサルデーニャなどの島々を含む南部は、「ユニークな家飲みワイン」の宝庫です。世界的に有名なワインは多くありませんが、近年は品質も向上し、特にナポリのあるカンパーニア州や「靴のかかと」のようなプーリア州、シチリア州などでは、在来品種で造られる上質なワインが続々と誕生しています。

カンパーニア州ではアリアニコ種から造られる「タウラージ」（赤）というワインが有名です。芳醇でコクのある味わいで、長い熟成に耐えうるものが多く、なかには「不死のワイン」と称される高級なアリアニコ種もあります。この品種はカジュアルなワインにも多く使われているので、一度トライしてみてください。タンニンがしなやかで、甘苦さがあって、油淋鶏や肉じゃがなどとよく合うと思います。魚介類に合わせるなら、グレコ種（白）やファランギーナ種（白）がおすすめです。こちらも軽やかな苦みがあり、ピッツァや生ハムなどとの相性は抜群です。

まず試したいのはシチリアのネロ・ダーヴォラ種

日々進化しているのがシチリアワインです。特にエトナ火山の麓で生まれるネレッロ・マスカレーゼ種（赤）は、タンニンがしなやかでエレガント。「地中海のブルゴーニュ」とも呼ばれています。火山の麓で育つだけあり、ブドウの葉は時に火山灰に焼かれて穴が開いていたりするので、その健気さに、すっかり「エトナびいき」になりました。カッリカンテ種で造られる白もおすすめです。

シチリアの代表品種がネロ・ダーヴォラ種（赤）で、島のワインらしく、赤でも魚に合うものも多いので、タコのトマト煮など魚介類とも楽しんでみてください。白はインツォリア種やグリッロ種が有名で、魚介を使ったパスタや刺身などにぴったりです。

南イタリアのワインは、「ちょっと野性的」な在来品種を、造り手の力で洗練された味わいに仕上げているところに心惹かれます。

アリアニコ種の魅力を存分に

トリガイオ

深みを帯びたルビー色。チェリーやラズベリーの香りと黒コショウのニュアンス。凝縮された果実味と酸味のバランスが絶妙。野菜のグリルや焼肉、鶏のから揚げなどにも。アリアニコ種は、かつて古代ギリシャ帝国の一部だったこの地に、ギリシャからもたらされた品種。「フェウディ・ディ・サン・グレゴリオ」は1986年創業ながら最新の技術と古代からのブドウ栽培の伝統を組み合わせて、カンパーニア州の歴史と伝統を表現する造り手。

■品種／アリアニコ
■生産地／イタリア カンパーニア州
■生産者／フェウディ・ディ・サン・グレゴリオ
■2,310円
■問い合わせ／日欧商事 TEL 0120-200105

赤だけど、魚にも合う！ 気軽に楽しめるシチリアワイン

レガレアーリ・ネロ・ダーヴォラ 2017

カシスやブルーベリー、黒コショウの香り。甘い香りの中に、ミントなどハーブの香りが隠れている。優しい酸味で、繊細な甘酸っぱさがチャーミング。凝縮感がありながらも飲みやすさが魅力。「タスカ・ダルメリータ」はシチリアで８代続く伯爵家で1830年にワイナリーを創設。焼肉やタコのトマト煮、アジフライにも。

■ブドウ品種／ネロ・ダーヴォラ
■生産地／イタリア　シチリア州
■生産者／タスカ・ダルメリータ
■2,022円（参考価格／編集部調べ）
■問い合わせ／アサヒビール TEL 0120-011-121（お客様相談室）

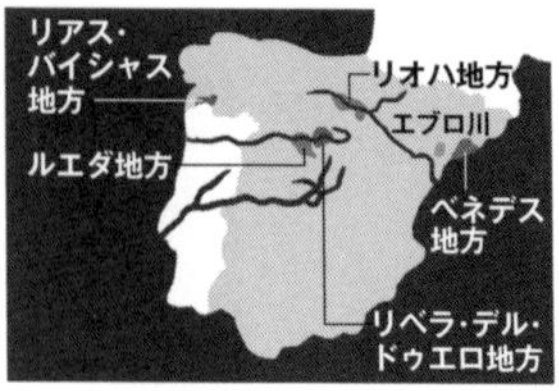

スペイン

SPAIN

まずはテンプラニーリョ種をチェック！

スペインを代表する品種がテンプラニーリョ種です。スペイン全土で栽培されており、繊細な果実味と豊かな酸味の赤は「国民的ワイン」で、特にリオハ地方のふくよかな赤がよく知られています。リオハ地方はエブロ川流域に広がる産地で、粘土質や石灰質など多彩な土壌をもっていることから、同じ品種でもその味わいはさまざまですが、オーク樽による熟成期間がほかの地方より長いことから、「グラン・レセルバ」や「レセルバ」などの上級ワインも多くあります。ほかにも、リベラ・デル・ドゥエロ地方のしなやかさを感じさせる赤（テンプラニーリョ種）、ルエダ地方のハーブ香が心地よくフレッシュな白（ヴェルデホ種）などが近年世界的にも人気が高くなっています。高級なものもありますが、スペインワインは総じて価格がリーズナブルで、「家飲み」に適しているのが魅力です。

カバとリアス・バイシャスがあれば食卓は楽しい

忘れてはいけないのが、ペネデス地方でシャンパーニュと同じ伝統製法で造られるスパークリングワインの「カバ」です。使われるのは主にマカベオ種、チャレロ種、パレリャーダ種などの在来品種で、後味の繊細な苦みが特徴です（国際品種をブレンドするものもあります）。価格は多くが1,000円台で、まさしく「日常の泡」。高品質で、ほぼハズレがないのも魅力です。山菜の天ぷらや魚介類などとの相性は抜群です。

リアス・バイシャス地方の白（アルバリーニョ種）も覚えておきたいワインです。海の近くで造られ、キリリとした酸味で、フレッシュさの中にほのかな塩味が感じられます。この爽やかさと塩味が、和食によく合います。

スペインワインは、1980年代末に「プリオラートの4人組」と呼ばれる4人の意欲ある生産者がプリオラートの地に登場したことから世界的脚光を浴び、「彼らに続こう」という若い生産者も増えてきました。スペインワイン全体が底上げされていると感じます。安価でも上質なワインは続々と誕生していますので、この国は見逃せません。

スペインワインの“定番中の定番”

クネ クリアンサ 2017

カシスやスミレ、ローズペッパーの香り。豊かな果実味と心地よい酸がバランスよく調和。オーク樽で12カ月熟成しており、丸みを帯びた味わい。樽由来のバニラの香りも。ポークソテーや鶏のトマト煮込み、チョコレートケーキなどと。「クネ(C.V.N.E.)」は1879年の設立以来、「最高のワインを造る」をモットーとする生産者。このワインは世界で愛されるスペインブランド。

■品種／テンプラニーリョ主体にガルナッチャ(グルナッシュ)とマスエロをブレンド
■生産地／スペイン リオハ
■生産者／クネ(C.V.N.E.)
■1,562円
■問い合わせ／三国ワイン TEL 03-5542-3939

冷蔵庫に1本あると便利なカバ

セグラヴューダス ブルート レゼルバ

レモンやグレープフルーツ、白桃、スズランなど白い花の香り。熟成由来の麹の香りも。イキイキとして力強い泡立ちと清らかな酸味が心地よい。和食との相性は抜群で、寿司や刺身、豆腐料理から肉料理までオールマイティ。冷蔵庫に１本入れておくと重宝するカバ。「ブルート」はスペイン語で「辛口」の意。「セグラヴューダス」は世界でも評価が高いプレミアム・カバの造り手。

■品種／マカベオ、パレリャーダ、チャレロ
■生産地／スペイン ペネデス地方
■生産者／セグラヴューダス
■1,658円
■問い合わせ／三菱食品 TEL 0120-561-789

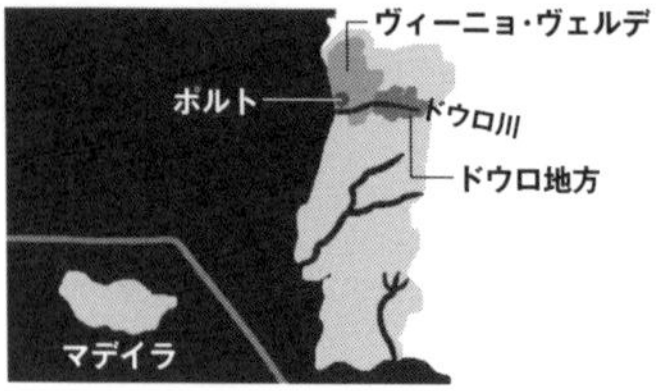

ポルトガル
PORTUGAL

リーズナブルで上質な辛口の白 & 赤の宝庫！

ポルトガルを代表するのが、熟成させると甘美な味わいになる酒精強化ワインの「ポルト」と「マデイラ」ですが、注目すべきは白と赤の辛口ワインです。近年、その品質の向上は目覚ましく、しかもリーズナブルなものが多く、まさに「家飲み」向き。注目の産地は「ポルト」が生まれる地でもあるドウロ地方で、いくつかのポルトの生産者たちが、「ここにはいいブドウがたくさんある。自分たちもポルトだけでなく、上質なスティルワイン（発泡していないワイン）が造れる」と一念発起して造り始めました。キンタ・ド・クラストやニーポートなど５社の実力派生産者がドウロ・ボーイズというグループを結成し、プロモーションなどを行い、この地を牽引しています。

「ヴィーニョ・ヴェルデ（緑のワイン）」にも注目を！

また、この地ならではのワインの魅力は、在来品種を使用しているところで、白はロウレイロ種、トラジャドゥラ種、赤はトゥリーガ・ナシオナル種などが使われています。しかも、ドウロ渓谷の川沿いの急傾斜の畑には、さまざまな品種が混植されており、それらのブドウを一緒に収穫し、醸造しているのです（これを「混植混醸」と言います）。昔ながらのスタイルではあるのですが、ワインの味はとても洗練されていて、そのおいしさに驚かされます。

北部で造られる「ヴィーニョ・ヴェルデ（緑のワイン）」も日常に楽しみたいワインです。完熟前の緑のブドウから造られる、微発泡で酸味豊かな辛口白で、フレッシュな味わいです。

ポルトガルは、日本同様、魚介類の料理が多い国で、海に近いリスボンやポルトなどの街では店先でイワシを焼いている光景に出会います。現地では、このイワシの塩焼きに赤を合わせて楽しんでおり、私も試したところ、確かに抜群の相性で、その土地ごとのペアリングの奥深さを感じました。

シュワッと微発泡
フレッシュな酸味が心地よい

V　ヴィーニョ・ヴェルデ NV

ライムや青リンゴや白い花のアロマ。淡いグリーン色が美しい。フレッシュでキリリとした酸味が心地よく、特に夏の暑い日の心強い味方。アルコール度数8.8パーセントと低めで、現地では昼間から楽しまれている。魚介類のマリネやサラダと。1834年創業の老舗で、今も家族経営を貫いている。ポルトガルの三大酒精強化ワインのひとつ、モスカテル・デ・セトゥーバルの造り手として有名。

■品種／ロウレイロ主体にトラジャドゥラをブレンド
■生産地／ポルトガル ミーニョ地方
■生産者／ジョゼ・マリア・ダ・フォンセカ
■1,485円
■問い合わせ／木下インターナショナル TEL 075-681-0721
https://www.pontovinho.jp

干支のラベルで
新年を祝いたい

エト・カルタ 2018

カシスやブラックチェリーの香り。濃厚でコクのある果実味で、タンニンも豊か。鶏の照り焼きなどと。「エト」とは「干支」のことで、毎年、ラベルにはその年の干支が描かれる日本限定ラベル。「ニーポート」は1842年創業の歴史ある生産者で、現当主のデュルク・ニーポート氏はドウロのスティルワインの名を世界に知らしめた立役者でもある。

■品種／トゥリーガ・フランカ、トゥリーガ・ナシオナル、ティンタ・ロリス、ティンタ・アマレラをブレンド
■生産地／ポルトガル ドウロ
■生産者／ニーポート　■2,530円
■問い合わせ／木下インターナショナル TEL 075-681-0721
https://www.pontovinho.jp

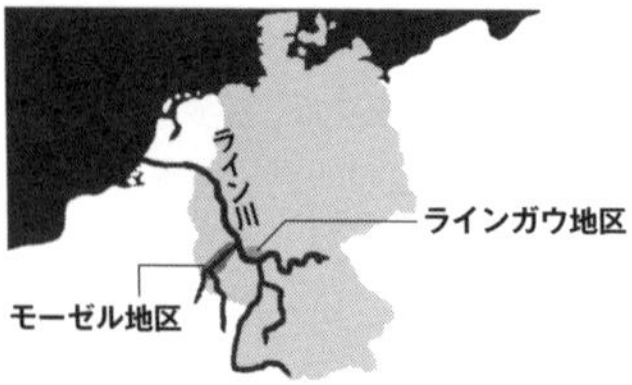

ドイツ
GERMANY

若手生産者が台頭。「辛口白」が新たなスターに

かつてのドイツはリースリング種などで造られる甘口白が主流でした(日本では、まだ根強い人気があります)。貴腐ブドウで造られる極甘口の「トロッケンベーレンアウスレーゼ」は、甘口ワインの最高峰とされ、「世界3大貴腐ワイン」のひとつに数えられています。

これまでは甘口白の印象が強かったドイツですが、実は今、ダイナミックな進化を遂げているワイン産地として世界的注目を集めています。近年では意識が高い生産者や意欲的な若い生産者が増え、「テロワールの可能性」と向き合い、リースリング種やヴァイスブルグンダー種（ピノ・ブラン種）、グラウブルグンダー種（ピノ・グリ種）で造る辛口白、シュペートブルグンダー種（ピノ・ノワール種）の赤も多く生産され、その品質はかなりのレベルの高さです。

赤も白も酸味がきれい。リースリング種に注目を

ドイツは、世界のワイン産地として北限に位置します。ワイン産地はドイツのなかでも比較的暖かいと言われる南部と南西部、それもライン川流域に集中しています。ドイツはフランス・アルザス地方と隣接しているため、ブドウ品種にも、呼び名は違っても共通する品種が多くあります。ドイツのワインは酸が極めて美しく、ピュアな果実味が特徴的です。

注目すべきは、モーゼル地区やラインガウ地区のリースリング種とバーデン地区やファルツ地区などのシュペートブルグンダー種でしょうか。造り手の個性が生きたスタイリッシュな味わいのものも多く、そのおいしさに驚かされることもしばしば。しかもコストパフォーマンスに優れており、今のドイツワインはまさしく「宝の山」と言えます。

ドイツワインは、赤も白も酸味がきれいなので、和食によく合います。特にまろやかな酸味ものなら相性はぴったりです。赤なら根菜類の煮物や肉じゃがと。甘みのある白にはタイやベトナムなどのエスニック料理やチーズケーキを合わせると、新鮮なおいしさが楽しめます。

しなやかなミネラルが印象的

ワインハウス・レー・ケンダーマン
リースリング カルクシュタイン 2020

白桃やレモンの香りとしなやかなミネラル。「カルクシュタイン」とはドイツ語で石灰質のことで、ワインからは火打石のようなニュアンスが感じられる。フレッシュ感のある酸味がポトフやサラダとよく合う。「レー・ケンダーマン」は土地の個性をワインに反映することから「ソイル（土壌）・アンバサダー」の異名も。

■品種／リースリング
■生産地／ドイツ ファルツ地方
■生産者／レー・ケンダーマン
■1,650円
■問い合わせ／日本リカー TEL 03-5643-9770

地元で長く愛される甘口白

リープフラウミルヒ〈マドンナ〉

白い花や黄桃、ハチミツの香り。酸味とほのかな甘みのバランスがよく、みずみずしく優しい味わい。エスニックと好相性。ライン川沿いにある町ヴォルムスの聖母教会で昔から造られていたワインで、そのおいしさから「リープフラウミルヒ（聖母の乳）」と呼ばれるように。だが、17世紀から長く続いた戦争で教会もブドウ畑も荒廃。この状況を危惧し、19世紀初頭にブドウ畑を買い取り、このワインを復興させたのがファルケンベルク社で、今も地元の人々に愛されている。

■品種／ミュラー トラウガウ、リースリング、ケルナー、シルヴァーナー
■生産地／ドイツ ラインヘッセン地方
■生産者／ファルケンベルク社
■1,375円（参考価格／編集部調べ）
■問い合わせ／サントリーお客様センター TEL 0120-139-380

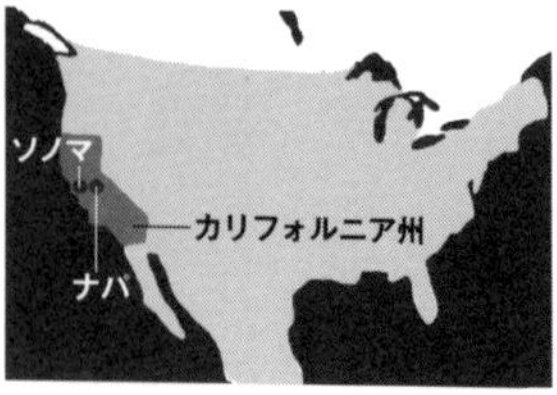

アメリカ合衆国

U.S.A

陽光から生まれる「ボリュームある果実味」

アメリカを代表するワイン産地がカリフォルニア州のナパ・ヴァレーです。主要品種はカベルネ・ソーヴィニヨン種やソーヴィニヨン・ブラン種などで、品種をブレンドするボルドースタイルのワインが多く造られ、かの有名な「オーパス・ワン」もそのひとつです。「カルトワイン」と呼ばれる、稀少なワインから、カジュアルスタイルのワインまで、実に多彩なワインが生まれています。味わいの特徴は「ボリューム感のある果実味」で、陽光に恵まれたカリフォルニアらしさを感じさせます。

カリフォルニアのワイナリー巡りの旅を舞台にした映画『サイドウェイ』（2004年）が世界的なヒットを遂げたあと、カリフォルニアの多くの生産者がピノ・ノワール種に着手しました。主人公がピノ・ノワール種について語るシーンに触発されたからですが、特に沿岸部のソノマ地区が生育に適していたこともあり、今ではソノマ地区のピノ・ノワール種は同じく気候に合うシャルドネ種と並んで「カリフォルニアワインのスター」的存在になっています。価格帯も幅広く、複雑味を味わえる高級なものから、果実味がストレートに伝わる3,000円以下のものまで揃っています。

地元のジンファンデルも健在

「カリフォルニアらしさ」が感じられるのがジンファンデル種です。この地でワイン造りが発達したのは19世紀半ば頃のゴールドラッシュの時代。労働者の喉を潤すためのワインに使われていたのがジンファンデル種でした。西部劇さながらの時代から、親しまれていた品種なのです。

以後、20世紀初頭にカベルネ・ソーヴィニヨン種やシャルドネ種などが栽培されるようになり、ジンファンデル種は「高貴ではない」と評されることが多くなったのですが、昔から自分たちが暮らす土地にあったこの品種を大切に思う生産者も多く、果実の凝縮感がありつつも繊細な酸味のジンファンデル種も多数造られています。「家飲み」なら、気軽に焼肉やハンバーガーと合わせるのもおすすめです。

コッポラ監督の“ファミリーの味”

コッポラ・ロッソ&ビアンコ ロッソ カリフォルニア NV

チェリーやサクランボ、甘草の香り。ジューシーで甘酸っぱい味わい。トマトソースで煮込んだミートボールやボロネーゼなどに。映画監督のフランシス・フォード・コッポラの祖父と叔父が造っていたワインがルーツ。ワイナリーを所有して初めて造ったワインの一つでもある。４品種をほぼ同等にブレンド、独特の味わいが楽しめる。

■品種／カベルネ・ソーヴィニヨン、ジンファンデル、シラー、プティット・シラー
■生産地／アメリカ カリフォルニア州
■生産者／コッポラ・ロッソ＆ビアンコ
■1,980円
■問い合わせ／ワイン・イン・スタイル TEL 03-5413-8831
https://www.wineinstyle.co.jp

味わいは、まるで「フルーツ爆弾」

ティー・エヌ・ティー カベルネ・ソーヴィニヨン エステート・グロウン ロダイ NV

チェリーやカシス、ラズベリージャムの甘酸っぱい香り。果実味は驚くほどたっぷり。しっかりした骨格があり、タンニンもやわらか。豚の角煮や黒酢の酢豚など。「TNT」とはアメリカで爆弾のことで、ワインの味わいが「フルーツ爆弾のようだった」ことから。カリフォルニアらしい果実味が楽しめる。

■品種／カベルネ・ソーヴィニヨン主体にジンファンデル、ルビーレッドなど
■生産地／アメリカ カリフォルニア州
■生産者／オークリッジ・ワイナリー
■1,540円
■問い合わせ／ワイン・イン・スタイル TEL 03-5413-8831
https://www.wineinstyle.co.jp

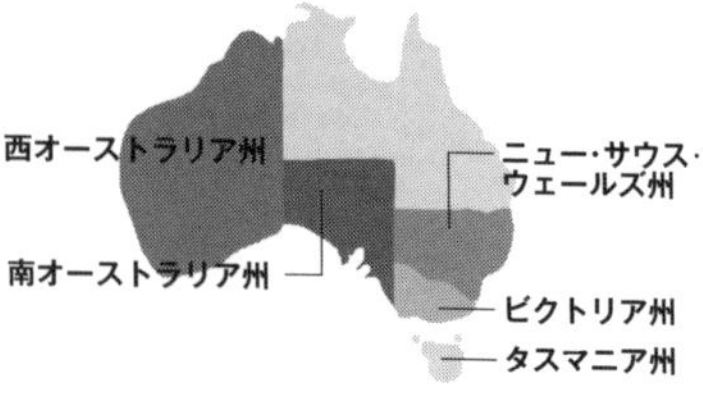

オーストラリア
AUSTRALIA

国際品種のレベルの高さに注目

オーストラリアでは「シラーズ」と呼ばれるシラー種を筆頭に、カベルネ・ソーヴィニヨン種やシャルドネ種、ソーヴィニヨン・ブラン種などの国際品種が多く栽培されています。これらのヨーロッパ系品種は、1780年代から入植者によってもち込まれました。その後、近代的なブドウ栽培や醸造技術を導入。オーストラリアワインは、日々進化を続けています。

65あるワイン産地は、主に南部のニュー・サウス・ウェールズ州、ビクトリア州、南オーストラリア州、西部の西オーストラリア州、最南端のタスマニア州に集中し、多様な土壌と気候を生かしてブドウが栽培されています。日照量が多く、果実味豊かなブドウが育つ一方、冷涼な地域では引き締まった酸味のブドウも育ちます。

注目したいのが冷涼なタスマニア州です。石灰質土壌で、また、病害虫がほとんど生息しないクリーンな土地なので、ミネラル豊かで健康なブドウに成長します。タスマニア州のスパークリングワインやピノ・ノワール種は透明感に満ちた味わいで、世界的に高く評価されています。

焼肉をさらにおいしくするシラーズ種

オーストラリアワインの魅力をストレートに体感できるのが、この国の代表品種のシラーズ種です。重厚感があり、スパイシーなものが多く、時に「太陽の存在感」を感じるほど。とはいえ、スタイルは多彩で、涼しげで華やかな印象のものもあります。中にはコアラの大好きなユーカリの香りを感じるものもあり、これもこの国独特の個性だと思います。カベルネ・ソーヴィニヨン種とブレンドされているものも多く、こちらはシラーズ種単体よりやわらかい印象です。楽しいのが、シラーズ種で造られる赤いスパークリングワインで、どちらも家飲みにぴったりです。

バーベキューがさかんなオーストラリアのシラーズ種は焼肉にもよく合います。「赤いスパークリングワイン」は、「お肉を食べたいけれど、重い赤はちょっと……」というときに活躍してくれます。

地域の農家と手を携えて造るシラーズ

ピーター・レーマン ポートレート シラーズ 2018

ブラックベリーやカシス、黒コショウの香りとベルベットのようなソフトなタンニン。バーベキューや甘辛い焼肉などに。バロッサ・ヴァレー全域の農家の良質なブドウで造られる。創設者ピーター・レーマン氏は大手ワイナリーで醸造責任者を務めていたが、1970年代後半のブドウ余剰問題の際、自らワイナリーを立ち上げ、経済危機にあったブドウ農家から余剰ブドウを買い取り、今も尊敬されている。

■品種／シラーズ（シラー）
■生産地／オーストラリア バロッサ・ヴァレー
■生産者／ピーター・レーマン
■2,200円（参考価格／編集部調べ）
■問い合わせ／サッポロビール TEL 0120-207-800（お客様相談センター）

「赤い泡」に心ときめく！

ブリーズデール スパークリング シラーズ

ルビーレッドの色合いと細やかな泡立ちが印象的。プラムやブルーベリーのような果実味のニュアンスとフレッシュな泡のバランスがよく、リッチな味わい。焼肉などもちろんながら、ブルーベリーなどのフルーツを使ったタルトにも。「ブリーズデール」は160年の歴史を持つオーストラリア屈指のワイナリーで、家族経営を貫いている。

■品種／シラーズ（シラー）
■生産地／オーストラリア 南オーストラリア州
■生産者／ブリーズデール ヴィンヤード
■3,080円
■問い合わせ／ヴァイ アンド カンパニー TEL 06-6841-3553

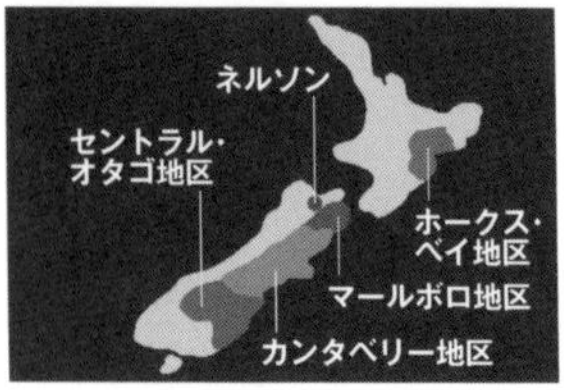

ニュージーランド
NEW ZEALAND

世界的評価が高いソーヴィニヨン・ブラン

1980年代後半、彗星のごとく世界的脚光を浴びたのがニュージーランドのソーヴィニヨン・ブラン種です。「クラウディ・ベイ」というワインは旧世界とはひと味違った「透明感を感じるピュアな味わい」で、ワインの世界に新鮮な衝撃をもたらしました。

ニュージーランドでワイン造りが始まったのは19世紀初めの頃。北島と南島に分かれ、南北に長いこの国は「一日の中に四季がある」と言われるほど昼夜の寒暖差が大きく、凝縮感のあるブドウが育ちます。南島の東北部にあるマールボロ地区は日照時間が長く、夜はかなり冷え込むことから、完熟ながらクールな果実味を伴ったソーヴィニヨン・ブラン種を生み出します。また、北島のホークス・ベイのソーヴィニヨン・ブラン種はアロマティックで繊細な味わいです。

ニュージーランドはさらなる進化を遂げ、今、注目を集めているのがピノ・ノワール種です。特に、南島最南端に位置するセントラル・オタゴ地区はブルゴーニュに似た大陸性気候で、ここで生まれるピノ・ノワール種は「ブルゴーニュに比肩する」と言われています。繊細さと複雑さをもち、とても清らかな印象です。ほかにも、良質なピノ・ノワール種とシャルドネ種を生み出すネルソンや、同じく高品質なピノ・ノワール種とリッチな味わいのリースリング種の産地であるカンタベリーにも注目してほしいと思います。

「ピュアさ」と「透明感」が最大の魅力

ニュージーランドでは、ほかにもシャルドネ種など多くの品種が栽培されていますが、私がこの国のワインの最大の魅力と感じるのは「ピュアさ」と「透明感」です。特にちょっと疲れたときなどに飲むと、その優しさに癒やされます。ニュージーランドワインの中には世界的ブランドも多く、高価なものもありますが、カジュアルに楽しめるものも多くあります。品質も確かで、当たりはずれが少ないのもよいところだと思います。

爽やかでミネラル豊か
エキゾティックな香りが漂う

マールボロ ソーヴィニヨン・ブラン　2018

グレープフルーツやレモンの香り。トロピカルフルーツのようなエキゾチックなニュアンスも。リッチでミネラル豊かなので、バターやクリームを使った料理と。イギリスから入植したオーナーのヴァヴァサワー家は1890年に南島のマールボロ地区にあるアワテレ・ヴァレーに居を構え、この地の可能性を見出したパイオニア。

■品種／ソーヴィニヨン・ブラン
■生産地／ニュージーランド、マールボロ地区
■生産者／ヴァヴァサワー
■2,530円
■問い合わせ／ラック・コーポレーション
TEL 03-3586-7501
https://order.luc-corp.co.jp

日本で長く愛されるピノ・ノワール

セラー・セレクション・ピノ・ノワール 2020

チェリーやラズベリーの香りと優しくおだやかなタンニン。果実味豊かながらも、口当たりもさらりとして飲みやすい。マグロやカツオなどの赤身の魚や海苔巻きなどにも。少し冷やして飲むのもおすすめ。「シレーニ エステート」はニュージーランド屈指の大手ワイナリーで、社名は酒の神・バッカスの従者シレーニから。畑や醸造設備など、環境に配慮する企業としても知られる。

■品種／ピノ・ノワール
■生産地／ニュージーランド ホークス・ベイ
■生産者／シレーニ エステート
■2,090円
■問い合わせ／エノテカ TEL 0120-81-3634
https://www.enoteca.co.jp

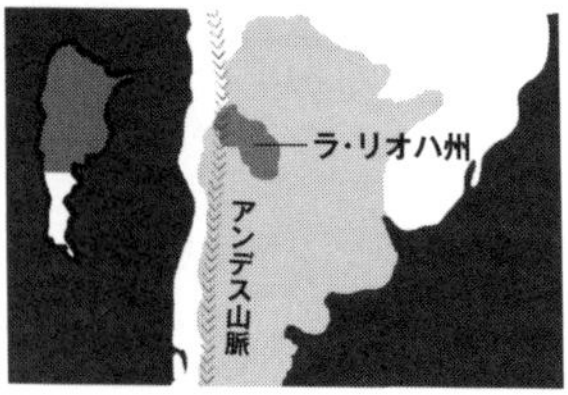

アルゼンチン
ARGENTINE

「誇り」は個性派品種のマルベック

アンデス山脈をはさんで西がチリ、東がアルゼンチン。ブドウ畑の多くはアンデス山脈の標高800～1200メートルの高い場所にありますが、乾燥した気候のため病害虫が発生しにくく、昼夜の寒暖差が大きいことも手伝って、健康なブドウが育ちます。除草剤や殺虫剤を使わずに済むことも多いため、オーガニックでの栽培がさかんに行われています。

この国の代表品種が赤はマルベック種、白はトロンテス種です。もともとアルゼンチンではクリオージャ種という品種を他品種と一緒に醸造した混醸ワインが主流だったのですが、80年代初頭、カリフォルニアワインの成功に刺激を受けたある醸造家が品種の個性を生かしたワイン造りに目覚め、この地にシャルドネ種などの国際品種を植えました。その後90年代に入り、個々の品種に特化したワイン造りがなされるように。著名な醸造家ポール・ホブス氏などがアルゼンチンで国際品種に着手し、成功したことから追従する生産者が増え、2000年あたりからマルベック種にスポットライトが当たるようになりました。区画の特性を表現するスタイルのものも多くなり、近年はエレガント系マルベック種も続々登場しています。トロンテス種はマスカットのように芳しい香りで、白ワインでもスパイスの香りがするものがあります。穏やかな酸味と優しいミネラルが特徴で、主要産地のラ・リオハ州からは洗練されたトロンテス種も生まれています。

おいしくてリーズナブル。家飲みに「ジャスト」！

マルベック種の「家飲みポイント」は価格がリーズナブルであることはもちろんながら、「牛肉がよりおいしくなること」でしょうか。赤身肉を塩とコショウだけで焼いたものに、ワインがもつ甘いニュアンスがよく合います。ハンバーガーや肉団子、アジフライなどと合わせてもおいしいと思います。トロンテス種はアサリのパスタや豚しゃぶ（胡麻だれ）、酢豚などをおいしくしてくれます。「ちょっと変わった品種」を試してみたいとき、アルゼンチンを知っておくとワイン選びの幅が広がります。

スワロフスキー社が所有するワイナリー

レゼルヴァ・マルベック 2018

ブラックベリーやカシス、スミレの香り。涼しげなミントやナツメグなどスパイスのニュアンスも。凝縮感のある果実味と、やわらかなタンニンをもち、口当たりはなめらか。赤身の牛肉とは抜群の相性のよさ。「ボデガ・ノートン」のオーナーはスワロフスキー社で、高品質でリーズナブルなワイン生産を志している。

■品種／マルベック
■生産地／アルゼンチン メンドーサ州
■生産者／ボデガ・ノートン
■2,090円
■問い合わせ／エノテカ TEL 0120-81-3634
https://www.enoteca.co.jp

マスカットの香りがチャーミング

トラピチェ ヴィンヤーズ トロンテス 2020

淡いゴールドがかった黄緑色。マスカットやトロピカルフルーツの香りと優しい酸味。フレッシュな果実味が味わえるワイン。「ヴィンヤーズ」は畑と品種の個性にフォーカスしたシリーズでトロンテスの特徴が生かされている。エビやカニなどの甲殻類、タイやベトナムなどのエスニック料理にも。「トラピチェ」は1883年メンドーサに設立、アルゼンチンワインを牽引してきた生産者。

■品種／トロンテス
■生産地／アルゼンチン メンドーサ州
■生産者／トラピチェ ヴィンヤーズ
■1,540円(参考価格／編集部調べ)
■問い合わせ／メルシャン TEL 0120-676-757

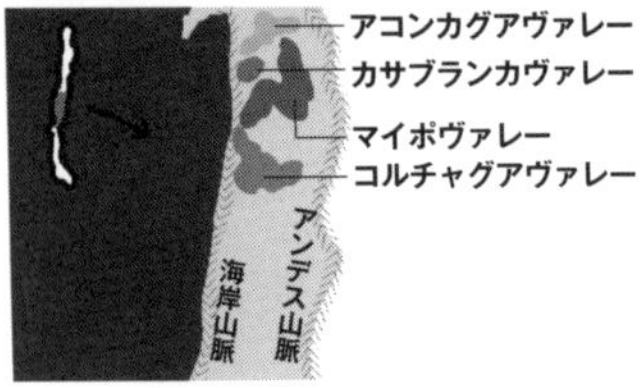

チリ
CHILE

名実ともに「家飲みワインの女王」

日本でのワイン輸入量第1位、品質の高さと手ごろな価格で人気なのがチリワインです。輸入関税が無税であること、ヨーロッパに比べて人件費を抑えられることからコストパフォーマンスに優れたワインとして知られ、コンビニやスーパーなどでも気軽に購入できるのが魅力です。

ワイン産地は太平洋側の海外山脈と東のアンデス山脈にはさまれた渓谷に集中し、北からアコンカグアヴァレー、カサブランカヴァレー、マイポヴァレー、コルチャグアヴァレーと名だたる産地が渓谷に沿って縦走しています。この地形がチリワインの発展にも大きく関わってきました。太平洋から流れ込む冷たい寒気やアンデス山脈の氷河など、厳しい環境にあり、病害虫の影響を受けることがありませんでした。19世紀、これに着目したフランスの生産者たちが入植したこともあり、チリでのワイン造りは発展していきました。

甘やかな果実味の「カルメネール種」に注目を！

チリワインは、国際品種を使ったボルドータイプや、単一品種で造るものなど、実にバラエティ豊かです。フランスの著名な生産者がチリに進出して造るものやコラボレーションも多く、「チリのテロワールをフランスの技術で生かす」スタイルも多く見られます。このスタイルは総じて品質のレベルが高く、しかもその価格が手ごろとあって、ロスチャイルド家やスペインの名門ミゲル・トーレスがチリで手がけるものに注目するワイン愛好家も多くいます。

一方、地元の生産者の努力も素晴らしく、「ボルドーの銘醸ワインに比肩する」と称されるエラスリスやチリの最大手で高品質のワインを生み出すコンチャ・イ・トロなど優秀な生産者が存在感を放っています。

機会があればぜひトライしてみてほしいのが在来品種のカルメネール種で、原産地のボルドーで絶滅したとされていたものが、今ではチリの代表品種となっています。

盗み飲みされるほど おいしいカルメネール

コンチャ・イ・トロ カッシェロ・デル・ディアブロ カルメネール 2018

ラズベリーやカシスの香りとカカオのニュアンス。ソフトで丸いタンニン。まろやかで繊細な果実味。「コンチャ・イ・トロ」は名門ワイナリーで、そのおいしさに定評があった。「カッシェロ・デル・ディアブロ」は「悪魔の蔵」の意。昔、この名門ワイナリーの蔵には最高のワインがあり、あまりのおいしさに盗み飲みをする者が絶えなかったため、「あの蔵には悪魔が住んでいる」という噂でワインを守った逸話から。

■品種／カルメネール
■生産地／チリ ラペルヴァレー
■生産者／コンチャ・イ・トロ
■1,738円（参考価格／編集部調べ）
■問い合わせ／メルシャン TEL 0120-676-757

「チリのエレガンス」を表現

ロス ヴァスコス カベルネ・ソーヴィニヨン

赤い果実やイチジクなどドライフルーツの香り。黒コショウやナツメグなど、スパイスのニュアンスも。タンニンが豊かでリッチな果実味に酸が繊細に溶け込む。ボルドーの第１級シャトー「シャトー・ラフィット・ロスチャイルド」を擁する「ドメーヌ・バロン・ド・ロスチャイルド」がチリで手がける。自社畑のブドウを使用し、化学肥料に頼らず、一部オーガニック栽培を実践する。しなやかでエレガントな味わい。

■品種／カベルネ・ソーヴィニヨン
■生産地／チリ コルチャグアヴァレー
■生産者／ロス・ヴァスコス
■1,837円（参考価格／編集部調べ）
■問い合わせ／ファインズ TEL 03-6732-8600

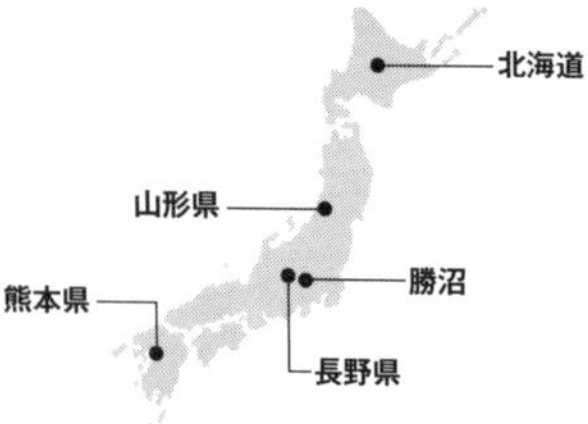

日本
JAPAN

「日本だけの品種」が楽しい！

日本を代表する品種が甲州種とマスカット・ベーリーA種です。特に山梨県の勝沼は、甲州種の銘醸地として日本ワインを牽引してきました。甲州種は「もともとは香りの立たない品種」と言われてきましたが、「シャトー・メルシャン」が「シュール・リー（澱の上）」という、発酵終了後も澱とワインを接触させてうまみを抽出する方法を日本で初めて開発し、それを企業秘密とせずに近隣のワイン生産者に開示したことから、格段に品質が向上し、そのおいしさが知られるようになりました。

マスカット・ベーリーA種は1890年設立の「岩の原葡萄園」で〝日本ワイン用ブドウの父〟と称される川上善兵衛氏が日本の風土に合った品種の開発に取り組んで誕生させたもの。こちらも栽培方法が広く伝授され、日本を代表する品種となりました。

ほかにも、デラウェア種やナイアガラ種、ブラック・クイーン種、あじろん（アジロンダック種）などを使ったワインがあり、これも日本ワインならではの魅力です。

全国各地でさまざまな国際品種も栽培されている

国際品種も全国各地で多く栽培されるようになりました。品質の高さで有名なのは北海道のピノ・ノワール種、山形のカベルネ・ソーヴィニヨン種、北陸のアルバリーニョ種、長野のメルロ種、熊本のシャルドネ種など。北海道には、この地の可能性を見出したブルゴーニュの名門ワイナリーも進出しています。

最近感動したのが「サントリージャパンプレミアム　津軽産ソーヴィニヨン・ブラン」（3,300円／参考価格）と「シャトー・メルシャン 新鶴シャルドネ」（3,260円／参考価格）です。前者は青森県津軽地方でサントリーが、後者は福島県会津地方でメルシャンが、地元の農家と手を携えて造るワインです。ひんやりとした東北の空気感と東北人の控えめな優しさが伝わり、これも「テロワール」と、しみじみとした気分になりました。

レベルの高さに感動！

キザンワイン白 2019

白桃やカリン、ライチの香りと香ばしいナッツのニュアンス。酸味がイキイキとして、ドライな飲み口。しなやかなミネラル感と軽やかな渋みが印象的。牡蠣の土手鍋やほうとうなど、味噌味の料理とよく合う。エビフライやコロッケなどの揚げ物にも。家族経営のワイナリーで、「地域に根ざしたワインを造りたい」と真摯にワインに向き合う。自家農園のブドウを主体に、地元で栽培されたブドウのみを使用。

■品種／甲州
■生産地／日本 山梨県
■生産者／機山洋酒工業
■1,362円（参考価格／編集部調べ）
■問い合わせ／機山洋酒工業 TEL 0553-33-3024

甲州種の香り発見のエポック・ワイン

シャトー・メルシャン 玉諸甲州きいろ香 2019

柚子やカボス、スダチなど、和の柑橘の香りが際立つ。透明感があり、爽やかな酸味ときれいなミネラル感。ブドウは甲府盆地の中央に位置する甲府市玉諸地区の甲州種を使用。刺身や焼きタケノコ、揚げ出し豆腐などと好相性。「シャトー・メルシャン」は日本ワインを牽引してきた老舗。ボルドー第２大学の富永敬俊教授とメルシャンの協同研究により、ソーヴィニヨン・ブラン種に似た香りを発見し、このワインが造られた。「きいろ」は教授の愛鳥の名から。

■品種／甲州
■生産地／日本 山梨県
■生産者／シャトー・メルシャン
■2,640円（参考価格／編集部調べ）
■問い合わせ／メルシャン TEL 0120-676-757

「いつものごはん」がよりおいしくなる

日本ワインの魅力は「じわじわとくるおいしさ」だと私は思います。「滋味深い」という言葉がよく合うのです。日本人は礼儀正しく真面目で親切と世界から評されますが、この「美徳」が日本ワインにも反映されているように感じます。ひと口目は「地味」なワインが多いのですが、料理と合わせると実力を発揮するのも日本ワインのよさです。甲州種と白身や貝の刺身（時に薬味たっぷりのカツオ）、マスカット・ベーリーA種と根菜類の甘辛い煮物との相性は抜群です。「日本に生まれてよかった！」と思える一瞬です。イカの天ぷらを食べれば飲みたくなるのは甲州種、きんぴらごぼうをよりおいしくしてくれるのはマスカット・ベーリーA種。「和食とワインは合う」と言われて久しいですが、やはり日本ワインはほかの国のワインよりも抜群に相性がよく、「ふだんのごはん」が格上げされると、しみじみ思ってしまうのです。

「確実に」おいしい日本ワインを選ぶには？

10年ほど前から日本ワインが脚光を浴びたことから、国内では毎年どこかに新しいワイナリーが設立されるなど、その機運も高まってきました(2021年現在331軒）。総体数が増え、選択肢が広まったのはよいことですが、その品質にばらつきがあるのも事実です。

私が参考にしているのが、一般社団法人日本ワイナリーアワード協議会が主宰する「日本ワイナリーアワード」です。設立から5年以上経つ生産者を最高位の5ツ星から3ツ星まで格付けしています。小規模、あるいは設立間もないながらも、キラリと光る魅力があるワイナリーは「コニサーズワイナリー」とカテゴライズしています。これは毎年審査されるので、「生産者の今の実力」がわかり、私は取材の際の参考にしています。

ちなみに、「日本ワイン」とは日本産ブドウを使って国内で醸造されるワインのことで、「国産ワイン」とは一線を画します。国産ワインとは、輸入果汁を使って国内でブレンド、瓶詰めされるワインを意味します。

イチゴの香りがチャーミングな赤

ココ・ファーム・ワイナリー 農民ロッソ 2019

イチゴやラズベリーの香り、チョコレート、ミントの香り。ふっくらとした果実味と優しい酸味も魅惑的。上品な甘みと爽やかな酸の妙味が楽しめる。タコスやブリの照り焼き、カツサンドなどと。「ブドウがなりたいワインになれるように」をモットーに、発酵は野生酵母(天然の自生酵母)で行う。

■品種／メルロ、マスカット・ベーリーA、カベルネ・ソーヴィニヨン、ブラック・クイーン、カベルネ・フラン
■生産地／日本 栃木県
■生産者／ココ・ファーム・ワイナリー
■2,000円
■問い合わせ／ココ・ファーム・ワイナリー TEL 0284-42-1194

優しい味わいのマスカット・ベーリーA

くらむぼん マスカット・ベーリーA 2019

クランベリーや干しプラム、カシスやミントの香り。樽熟成によるコーヒーやカカオの香りも。凝縮された果実味の中に、タンニンの軽やかな渋みが感じられる。ろ過していないため、果実の自然な味わいが楽しめる。煮物や鰻のかば焼きなどに。当主で醸造家の野沢たかひこ氏はブルゴーニュでワイン造りを学び、繊細で優しいスタイルが特徴。甲州種の名手でもある。「くらむぼん」は宮沢賢治の童話『やまなし』で蟹が話す言葉から。

■品種／マスカット・ベーリーA
■生産地／日本 山梨県
■生産者／くらむぼん ワイン
■2,525円
■問い合わせ／くらむぼん ワイン TEL 0553-44-0111
https://kurambon.shop-pro.jp

私の「家飲み」スタイル

スパークリングワインで気分を上げる

普段の日の泡

シュワッとした飲み心地とグラスから立ち上る美しい泡。見ただけで気分が上がるのがスパークリングワインです。乾杯などに用いられるからか、どこか「よそゆき感」がありますが、実は「家飲み」でこそ実力を発揮してくれるアイテムなのです。

まず、なんといっても華やかな気分になれます。元気がない日は、「泡」を開けるに限ります。シュワッとした泡に励まされて、「明日も頑張ろう！」と思えるのです。

もうひとつの大きな魅力は、すっきりした味わいなので、どんな料理にも合うこと。天ぷらや中華など、ひと口ごとにすっと口の中の油を切ってくれます。和食との相性も抜群で、醤油味の煮物や焼き魚、鍋ものなど、いつもの食卓がランクアップします。また、ベリー系のタルトやフルーツとも相性がよく、私は、ちょっとうれしいことがあった日、「フルーツタルト&泡」で、ひとりでお祝いすることもあります。

スパークリングワインはさまざまな産地で造られ、ブドウ品種も違うので、「泡」とひとくくりにできない奥深さがあります。「家飲み」がますます楽しくなるスパークリングワインの魅力をご紹介します。

それぞれの魅力にあふれた各国の泡

フランスには多くのワイン産地で「クレマン（泡）」が造られています。ボルドーではソーヴィニヨン・ブラン種主体のすっきり、爽快な「クレマン・ド・ボルドー」、ブルゴーニュではシャルドネ種とピノ・ノワール種で造られる丸みのある味わいの「クレマン・ド・ブルゴーニュ」。

ロワール地方、ラングドック・ルション地方、ジュラ地方もリーズナブルでおいしい「泡」の宝庫です。ロワール地方なら「ラングロワ＝シャトー」（**1**）という老舗の生産者が造るものがおすすめです。爽やかな飲み口で、寿司や天ぷらに合います。ラングドック・ルション地方はピクプール種で造られるものに注目してみてください。レモンのような味わいで、とてもチャーミングです。

スペインの「カバ」は価格がリーズナブルでありながら高品質で、日常的に楽しめます。「セグラヴューダス（137ページ）」が近くのスーパーにあるので購入することが多いのですが、「カバ」は冷蔵庫に1本置いておくと便利だと思います。スペインの在来品種からくる独特の苦みが、揚げ物や煮物とよく合います。

イタリアならモスカート・ビアンコ種で造られる甘口の「アス

ティ・トスティ」（**2**）。デザートとの相性がよいのですが、これはぜひ麻婆豆腐などの辛い料理と一緒に。辛さに痺《しび》れた舌が、優しい甘さに癒やされます。オールマイティなのがオーストラリアの「シャンドン」（**3**）やブルゴーニュの「ルー・デュモン」（**4**）で、シャンパーニュのような味わいが気軽に楽しめます。カリフォルニア、タスマニア、イギリスのスパークリングワインとイタリアの「フランチャコルタ」はお祝いごとに。

おすすめワイン

1
果実の優しい甘みが極立つ
ラングロワ=シャトー
クレマン・ド・ロワール ブリュット

カリン、白桃、グレープフルーツの香り。ナチュラルな果実の甘みと繊細な酸味。泡もこまやか。1885年創業の老舗で、「シャンパーニュに匹敵する味」と評される。
■品種／シュナン・ブラン、シャルドネ、カベルネ・フラン
■生産地／フランス ロワール地方
■生産者／ラングロワ=シャトー
■2,750円
■問い合わせ／アルカン
TEL 03-3664-6591

2 アスティ・トスティ
イタリア、ピエモンテ州。モスカート種。柑橘類のアロマティックな香りと豊かな酸、こまやかな泡。優しい甘味が際立つアスティ・スプマンテ。■2,090円　問い合わせ／日欧商事
TEL 0120-200105

3 シャンドン シャンドン ブリュット
オーストラリア、ビクトリア州。シャルドネとピノ・ノワール種をトラディショナル製法で醸造。爽やかな柑橘類の香りと爽快な酸味。泡立ちも美しい。■3,300円（参考価格／編集部調べ）■問い合わせ／MHD モエ ヘネシー ディアジオ
TEL 03-5217-9733

4 ルー・デュモン クレマン・ド・ブルゴーニュ ブリュット
フランス、ブルゴーニュ地方。ピノ・ノワール種を主体にシャルドネ種などをブレンド。ふくよかで奥深い味。醸造家は日本人の仲田晃司さん。■3,300円 ■問い合わせ／ヌーヴェル・セレクション TEL03-5957-1955

特別な日の シャンパーニュ

フランス最北のワイン産地・シャンパーニュ地方で生まれるスパークリングワインが「シャンパーニュ（シャンパン）」です。冷涼な気候と石灰質土壌から生まれるブドウで造られ、その味わいは限りなくエレガント。繊細で美しい酸味から「ワインの貴婦人」と称されます。私もこの「極めて」美しい酸味に魅了されたひとりで、「シャンパーニュに勝る泡はなし」と信じているほど。それくらい、「一度飲んだら忘れられなくなる味」なのです。

シャンパーニュは、日本では７０００円以上するものが多いですが、これは、「とにかく手間のかかる造りをしているから」です。使用できるブドウ品種や熟成期間など、醸造法が法律で厳しく決められており、この条件をクリアしなければ「シャンパーニュ」と名乗ることができません。シャンパーニュの基本のスタイルは「ノン・ヴィンテージ」と呼ばれるもので、これは複数の畑、ストックしておいた複数年のワイン、複数の品種（主にシャルドネ種、ピノ・ノワール種、ムニエ種）をブレンドして造られます（ラベルに「ＮＶ」

と表示されています）。シャンパーニュ地方内のブドウの産地や品種のブレンドの仕方によって味わいが違い、それがそれぞれのメゾンの個性を決定づけています。

ノン・ヴィンテージは瓶詰めの後、最低でも15カ月間はカーヴ（貯蔵庫）で熟成させなくてはいけません。とはいえ、この期間は生産者の考えによって、しばしば2〜3年に及びます。単一年のブドウだけで造られる「ヴィンテージ」は、「プレステージ」と呼ばれる

おすすめワイン

1
透明感のある「美しい味」。
泡立ちも繊細でこまやか
ドゥラモット ブリュット

「幻」と言われる高級シャンパーニュ「サロン」の妹的ブランド。"シャルドネの聖地"と言われるコート・デ・ブラン地区のブドウを使用、きらめきのある酸味とピュアな果実味にファンが多い。
■品種／シャルドネを主体にピノ・ノワール、ムニエをブレンド
■生産地／フランス シャンパーニュ地方
■生産者／シャンパーニュ ドゥラモット
■6,600円
■問い合わせ／ラック・コーポレーション
TEL 03-3586-7501
https://order.luc-corp.co.jp

2　パイパー・エドシック ブリュット
ピノ・ノワール種を主体にムニエ種、シャルドネ種をブレンド。90年初期から2019年までカンヌ映画祭公式シャンパーニュとしてセレブに愛された。ふくよかな果実味と繊細な酸味。軽やかで華やかな味。■6,930円　■問い合わせ／日本リカー TEL 03-5643-9770 https://drinx.kirin.co.jp

3　ペリエ ジュエ グラン ブリュット
シャルドネ種、ピノ・ノワール種、ムニエ種をバランスよくブレンド。フローラルな香りで、ふくよかな果実味。シャルドネの清らかさが感じられ、味わいもエレガント。■7,755円 ■問い合わせ／ペルノ・リカール・ジャパン　TEL 03-5802-2671

4　ヴーヴ・クリコ　イエローラベル ブリュット
ピノ・ノワール種を主体にシャルドネ種、ムニエ種をブレンド。フルーティーでコクがある味わいで、香りも華やか。余韻も長い。■8,250円　■問い合わせ／MHD モエ ヘネシー ディアジオ TEL 03-5217-9738

5　ルイ・ロデレール コレクション242 NV
シャルドネ種を主体にピノ・ノワール種とムニエ種をブレンド。イキイキとした酸味で、丸みのある味わい。甘く熟した果実の香りがあり、複雑な味わい。フレッシュな桃や魚介類との相性は抜群！「ルイ・ロデレール」はシャンパーニュ地方で最大規模のビオディナミ農法を実践、ピュアな味わいには根強いファンが多い。■8,250円　■問い合わせ／エノテカ TEL 0120-81-3634 https://www.enoteca.co.jp

6　ピエール・モンキュイ
ブリュット・デロス・グラン・クリュ NV
「ブラン・ド・ブラン」と呼ばれるシャルドネ種のみで造られたシャンパーニュ。1889年、"シャルドネの聖地"と謳われるコート・デ・ブラン地区に設立された家族経営の造り手。美しい酸味で、しなやかなミネラルが特徴的。女性醸造家のニコール・モンキュイさんが造るシャンパーニュは、洗練された味わいでとてもエレガント。■5,808円　■問い合わせ／横浜君嶋屋 TEL 045-251-6880　https://kimijimaya.co.jp

高級ラインで3年以上の熟成が義務付けられ、こちらは5年から10年、あるいはそれ以上に及ぶこともあります。

「家飲み」はグラン・メゾンのノン・ヴィンテージ。品格と奥行きを感じる味が魅力です

特別なワインであるシャンパーニュですが、私は自分の誕生日やうれしいことがあったときに家でシャンパーニュを開けます。ちょっとしたごちそうとケーキのささやかな宴ですが、「またひとつ年を取ったけど、これからよ！」とシャンパーニュと一緒に自分を励ますのです。

「家飲み」用に購入するのは「グラン・メゾン」と呼ばれる大手のノン・ヴィンテージ。「ドゥラモット」（**1**）「パイパー・エドシック」（**2**）「ペリエ・ジュエ」（**3**）「ヴーヴ・クリコ」（**4**）「ルイ・ロデレール」（**5**）などの、品格があって味に奥行きを感じるものが好きです。小規模生産者なら「ピエール・モンキュイ」（**6**）や「ジ

7　ジゼル・ドゥヴァヴリー
プルミエ クリュ ブリュット
シャルドネ種を主体にムニエ種、ピノ・ノワール種をブレンド。アプリコットや白い花、ブリオッシュの香り。優雅な酸味で奥深い味わい。魚介類のサラダやマリネなどと好相性。造り手のドゥヴァヴリー家はルイ15世の時代に戦功を上げ、エペルネ市北部のシャンピョン村にブドウ畑を授けられたことから始まった旧家。■7,700円　■問い合わせ／マーカムインターナショナル　TEL 03-6231-1370 https://wineondemand.jp

ゼル・ドゥヴァヴリー」（**7**）など、年配の女性当主が造っているものに心惹かれます。優雅さと優しさが感じられ、癒やされるのです。日々生きていれば、大変なことも、つらいこともたくさんあります。泣きたくなる日にも私はシャンパーニュを開けるのですが、これでまた、背すじがすっと伸びるのです。こんな「魔法」は、シャンパーニュだからこそ、なのです。

私の「家飲み」スタイル

何にでも合うロゼワイン

赤と白のいいとこ取り。ロゼワインを「家飲み」の定番にしませんか？

サーモンピンクやローズピンク。あるいは夕焼けや夕暮れの海の色など、ロマンティックな色合いで気分を上げてくれるのがロゼワインです。以前は、「白でもない、赤でもない、中途半端なワイン」と評され、「ロゼなんて飲まない」というワイン通もいました。ところが、ここ10年でその状況は激変、高品質のロゼを造る生産者が増えたこともあり、世界的なロゼブームが巻き起こりました。世界ではロゼの消費率が年々増加し、フランスでは国内消費において、白を抜いて2位に躍り出たほどです（1位は赤）。

ロゼは、黒ブドウから造られるワインで、ほどよいタンニンとフレッシュな酸味を持ち合わせています。「中途半端なワイン」というより、私には「赤ワインと白ワインのいいとこどりをしたワイン」のように思えます。「真夏、赤ワインはちょっとヘビーに感じるけど、コクのあるワインが飲みたい」というときにもぴったりです。

人気の理由は、なんといっても美しいその色合いと、どんな料理にも合う懐の深さです。「マリアージュ（料理との組み合わせ）は色で合わせる」と言われますが、それがよく理解できるのがロゼなのです。

たとえば、脂がのったスモークサーモンは、白だと負けてしまうことが多く、赤だと強すぎてサーモンの風味を消してしまいがちです。ですが、ロゼは黒ブドウ由来のほどよいタンニンと白ワインの

ようなフレッシュ感があるので、脂ののったスモークサーモンがよりおいしくなります。また、ナポリタンや焼きそばなど、ケチャップやウスターソースを使った料理ともよく合います。私は、ロゼが冷蔵庫にある日は、休日ランチに焼きそばを作ることもあるのですが、焼きそばが急に華やぐので、「ロゼってすごい」と思ってしまいます。ちなみに、ケチャップとソースは「ロゼ泡」との相性が抜群です。

　意外なのが青魚との相性のよさで、アジやイワシのお造り、しめ鯖、鯖寿司などと合わせても青魚特有の生臭さを感じさせず、「え？こんなに合うの？」と驚くはずです（私も最初は驚きました）。アジフライとロゼもおすすめです。

「海辺のロゼ」は潮風の香りが魅力的。シーフードをよりおいしくします

　では、どこの地域のものを選べばよいかというと、フランスなら

プロヴァンス地方とラングドック・ルション地方、ロワール地方のものがおすすめです。理由は、品質がよく、価格もリーズナブルで、店頭で見かけることが多いから。特にプロヴァンス地方のロゼは、軽やかで飲みやすく、魚料理によく合います。「シャトー ミニュティー」（**1**）などは、とても華やかでスタイリッシュで、一気に気分が上がります。イタリアのカンパーニアやシチリア、スペイン、ポルトガルのロゼも狙いめです。私の好みは海の近くで生まれ

おすすめワイン

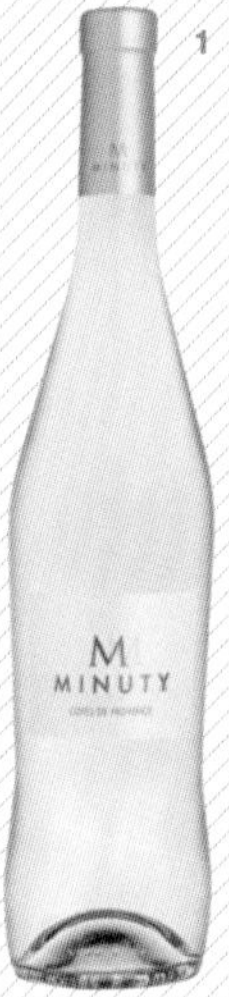

1　エレガントなプロヴァンスワイン
シャトー ミニュティー
エム ド ミニュティー 2020

赤スグリやオレンジの皮の香りとイキイキとした酸味。魚介類などに。サントロペで３代続く家族経営で、コート・ド・プロヴァンスで23しかないグラン・クリュ（第１級）の造り手。

■品種／グルナッシュ、サンソー、シラー
■生産地／フランス プロヴァンス地方
■生産者／シャトー ミニュティー
■2,420円
■問い合わせ／ＭＨＤ モエ ヘネシー ディアジオ
TEL 03-5217-9788（モエ ヘネシー ワイン）

2　ソアリェイロ ミネラル ロゼ 2019
ポルトガ・ミーニョ地方。アルバリーニョ種を主体にピノ・ノワール種をブレンド。赤スグリとローズペッパーの香りがチャーミングで爽やかな飲み口。■3,080円　■問い合わせ／木下インターナショナル TEL075-681-0721 https://www.pontovinho.jp

3　クラレンドル・ロゼ　2020
フランス、ボルドー地方。メルロ種、カベルネ・フラン種、カベルネ・ソーヴィニヨン種をブレンド、ブルーベリーの香りの中にキャンディのニュアンス。さまざまな料理に合わせやすいロゼ。■2,750円　■問い合わせ／エノテカTEL 0120-81-3634　https://www.enoteca.co.jp

4　フェウド・アランチョ　ロザート　2020
イタリア、シチリア州。ネロ・ダーヴォラ種。ラズベリーやチェリーの香りとフレッシュ感のある酸味。後味にある軽やかな苦みがチャーミングで魚介類をおいしくしてくれる。「シチリアのテロワールを生かしたコスト・パフォーマンスが高いワイン」を志す生産者。■1,320円 ■問い合わせ／モトックス　TEL 0120-344101（お客様相談室）

5　シャルル・オードワン マルサネ ロゼ　2018
フランス、ブルゴーニュ。ピノ・ノワール種。チェリーの香りでエレガントな味わい。ロゼで名高いマルサネ村で「ライジングスター」の異名を取る。■3,850円　■問い合わせ／ラック・コーポレーション TEL 03-3586-7501　https://order.luc-corp.co.jp

るロゼ。ちょっと個性派のポルトガルの「ソアリェイロ」（**2**）など、潮風やハーブの香りがして、心地よく楽しめます。魚料理だけでなく、肉料理とも相性がよいので、私は焼き鳥やハンバーグなどのたれやソースの「味が濃いもの」と合わせるのですが、肉料理がすっきりと味わえます。コストパフォーマンスの高さに驚いたのが、ボルドーの「クラレンドル・ロゼ」（**3**）、シチリアの「フェウド・アランチョ ロザート」（**4**）で、特に「フェウド・アランチョ」は、価格が安いからといって、決して侮ってはいけない1本です（白のグリッロ種も優秀！）。

　ロゼはベリー系の香りをもつので、ベリー系のフルーツを使ったタルトなど、スイーツとの相性もいいのです。一度試してみてください。そのおいしさにハマりますから！

　週末などに「ちょっといいロゼ」を開けたくなったら、ブルゴーニュのマルサネ村のロゼ（**5**）がおすすめです。満足度が高く、ブルゴーニュのピノ・ノワール種らしい、エレガントさが楽しめます。

オレンジワインの楽しみ

「今日の家飲みは目先が変わったものを」というときは、「オレンジワイン（アンバーワイン）」がおすすめです。オレンジ色の色合いからこう呼ばれるようになりました。白ブドウを使って、果皮も一緒に醸す赤ワインの醸造法で造られる白ワインです。

生まれはワイン発祥の地といわれる約8000年前のジョージア（グルジア）。当時はクヴェヴリという壺型土器を地中に埋め、白ブドウを果皮や種を含んだ房ごと発酵させていましたが、いつしか忘れられた存在に。それを復活させたのが、イタリア・フリウリのカリスマ的生産者ヨスコ・グラヴナー氏でした。彼が造るオレンジワインが世界的評価を得たことからブームが起きました。日本でも甲州種のオレンジワインが誕生しています。

魅力は、きれいな色合いはもちろん、さまざまな料理に合うこと。たとえばパスタなら、タラコや明太子はワインを合わせるのがなかなか難しいのですが、ドライなタンニンをもつオレンジワインなら、魚卵の生臭さもしっかりカバーしてくれます。リーズナブルなものも多く、日常ワインとして使い勝手のいいワインです。

おすすめワイン

甘い香りと上品な酸味。
日本ならではのオレンジワイン

シャトー・メルシャン
笛吹甲州 グリ・ド・グリ 2020

リンゴのコンポートのような甘い香り。心地よい酸味と軽やかな苦みが印象的。山菜の天ぷらや鰻などの和食と。笛吹地区で収穫した甲州種を厳選使用。「グリ（灰色）」は甲州種の果皮の色の意。

■品種／甲州
■生産地／日本 山梨県
■生産者／シャトー・メルシャン
■2,640円（参考価格／編集部調べ）
■問い合わせ／メルシャン
TEL 0120-676-757

私の「家飲み」スタイル

春夏秋冬　季節で飲みたいワイン

季節ごとに「なんとなく飲みたくなるワイン」があります。
四季が明確で、季節の行事がある日本だからこそなのでしょう。
その季節ならではの「自分だけの楽しみ」を見つけてください。

春には華やかな色合いと香り豊かなワインを

春はロゼの登場率が高くなります。桃の節句やお花見など、「ロゼ色」の行事が続くからか、つい、ロゼを買ってしまいます。

桃の節句には互いに独立している妹たちと実家に集結し、お雛さまを飾ります。毎年用意するのは昔ながらのちらし寿司と鯛の塩焼き、蛤《はまぐり》の潮汁、そして「ロゼ泡」です。椎茸や蓮根を煮含めた具材を混ぜ、錦糸玉子を散らしたちらし寿司には、ロゼ泡がよく合います。

お雛さまは、私が生まれた年に我が家にやってきたので、なかなかの年季が入っています。そんなお雛さまを見上げながら、「お互い頑張ってきたね～」と乾杯するのです。

季節のおすすめワイン

春

待ち遠しい食材が山菜と筍《たけのこ》です。筍はわかめとあっさり煮たり、天ぷらに。山菜はたいてい天ぷらにします。これを「泡」と一緒に。山菜には苦みがあるので、合わせることが多いのは「カバ」。余韻に軽やかな苦みがあり、山菜とのペアリングは「大人の味」です。

初鰹《はつがつお》には、白なら甲州種、赤ならピノ・ノワール種を選びます。ミョウガなどの薬味をたっぷり添えるなら甲州種でしょうか。「魚には白」とよく言われるものの赤身の魚には白だと生臭くなってしまうのですが、甲州種には不思議とそれがありません。「甲州種は日本の魚のためにある！」と感動してしまいます。

三寒四温の繰り返しで、春は「ゆらぎ」を覚えます。そんなとき、色が美しく、香りが華やかなワインを選ぶと気持ちが明るくなります。ふっくら系のシャルドネ種や豊かな香りのゲヴュルツトラミネール種やヴィオニエ種は、私にとっての春のワインです。

「すっきり系」「海辺」「柑橘類の香り」が夏のキーワード

日本の夏は過酷です。夕方でも熱気に包まれ、家に着いたころには汗まみれ。まずはお風呂に直行です。さっぱりした後、髪を乾かす前に行うのが「ワインを冷凍庫に入れてキンキンに冷やすこと」。時間があるときは氷でゆっくり冷やしますが、早く冷やしたいときにはつい冷凍庫に頼ってしまいます（さすがに高級ワインにはしませんが）。選ぶのはたいていソーヴィニヨン・ブラン種で、「ストーンと爽やかな味」が日本の夏に合うのです。髪を乾かして（頭の中は冷えたワインでいっぱい）、枝豆が茹で上がるころには、ワインはしっかり冷えています。お風呂上がりのひと口はまさに至福！キンキンに冷えたソーヴィニヨン・ブラン種と枝豆は「真夏の味」です。

夏の楽しみは、なんといっても「桃シャン」です。フレッシュな桃とシャンパーニュのペアリングですが、これは「永遠に食べられる」くらい大好きで、家族と一緒のときにはとっておきのシャン

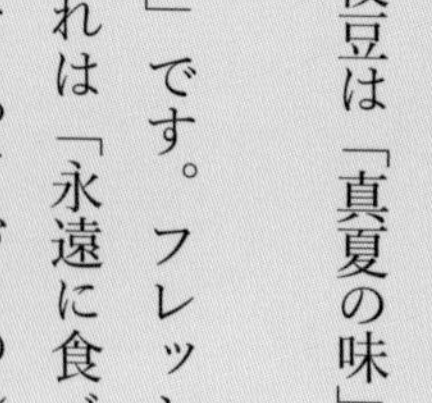

季節のおすすめワイン

夏

パーニュを用意します。ひとりで楽しむときには、イタリアのスパークリングワイン「プロセッコ」などを。このペアリングは、フレッシュで華やかな香りが、夏バテに「効く」ように思います。

「海辺のワイン」も夏によく登場します。魚料理にはリアス・バイシャス地方(スペイン)のアルバリーニョ種（白)。海辺にブドウ畑があり、日本のブドウ園のような棚仕立てなので、どこか親しみを覚えます。海の影響を受けるからか、少し塩味があり、それが刺身によく合います。レモンを添え、オリーブオイルをかけると美味(特にイカとタコ)！　肉料理にはプロヴァンスのロゼ。「夏の赤代わり」です。タンニンのニュアンスがあるので、肉料理にも負けません。

夏に選ぶのは、すっきり系だけでなく、レモンやライムなど、柑橘類の香りがするものやミネラル感が豊かなものが多いように思います。リースリング種やシャブリの出番が多いのも、決まって夏です。

秋は、気持ちが穏やかになる赤が「気分」です

朝夕の風が涼しくなると、秋だと感じます。急に恋しくなるのがピノ・ノワール種の優しい果実味とシルキーな口当たり。夏の疲れが上質な果実味で優しく癒やされていくように思います。不思議なことに、秋の長雨や台風の後に飲みたくなるのもピノ・ノワール種。キノコや枯葉、シダのような香りがあって、森の中にいるような感覚を覚えます。香りそのものに秋を感じるのです。ブルゴーニュを選ぶことが多いのですが、ちょっと気が滅入った日には、カリフォルニアのものを選ぶこともあります。太陽のせいなのか、果実味に屈託のない明るさがあり、心が晴れやかになるのです。

毎年、楽しみにしているのがお月見です。大きな満月を見ていると幸せな気分になります。私は、月見団子代わりにみたらし団子を用意するのですが、これが甘めの白とよく合うのです。リースリング種もいいですが、お気に入りは「ココ・ファーム・ワイナリー」

秋

の「月を待つ」。ケルナー種とソーヴィニヨン・ブラン種をブレンドした甘めの白は、アプリコットとハチミツのニュアンスがあり、みたらし団子に合います。十五夜の月は、子どものころに母とススキを探したことなどをノスタルジックに思い出させてくれるのです。

秋の夜長向きと思うのが、アルゼンチンのマルベック種、イタリアのアリアニコ種、アメリカのジンファンデル種など、一見濃厚ながら甘酸っぱいニュアンスの赤です。どれもタンニンが豊かで芳醇な味ですが、きちんと繊細さを感じます。ワインだけ、あるいはチョコレートと一緒に。仕事が一段落した日には上質なボンボンショコラを用意して、「ひとりお疲れさま会」をします。なめらかなガナッシュがワインのコクに合い、疲れが取れるのです。「チョコレート&赤」は、以前ボルドーを訪れたとき、某シャトーのマダムが「意外と合うのよ」と教えてくれたのですが、試してみたらおいしくて、ハマりました。これをお供に、お気に入りの映画を観るのです。

冬を温かくしてくれるのは芳醇で優しいワイン

木枯らしが吹き始めると、飲みたくなるのはボルドーのカベルネ・ソーヴィニヨン種主体のワインです。以前、11月のボルドーを取材で訪ねたとき、すでに黄色く変色したブドウ畑で、一瞬「ゴォォ」という冷たい風に吹かれ、日本とはまた違う「骨身にしみる風」を実感しました。その後、ボルドー市内の薪火料理で有名なレストラン「ラ・チュピナ」で食事をしたのですが、パチパチと燃える暖炉の火と、まろやかで深い味のメドックの赤に癒やされました。「温かさに包まれる安心感」とでも言ったらいいのでしょうか、子どものころ、家に帰ったときのほっとした感覚、あれに似ていたのです。そのとき楽しんだのは、ボルドーと相性がよいとされる仔羊のロースト。気品あるボルドーの「包容力」を満喫しました。いつもはすき焼きか、根菜類の煮物でほっこりするのですが、あの日感じた「気品」は健在。芳醇でコクがあるボルドーの赤がますますおいしく感じられます。

冬

節分には、イワシの丸干しを買ってきます。母が「柊鰯」を「厄除け」として飾っていたのを真似ています。迷信とわかっていても、「家族が息災であるように」と願っていた母の気持ちを思い出すだけで、いい一年になるような気がするのです。イワシは焼いた頭を飾ったあとで、「厄落とし」として、ロゼかカベルネ・フラン種などと合わせます。地味ですが、私にとっては大切な行事です。

正直、長年ガメイ種には心惹かれませんでした。どこか野暮ったくて、選択肢に入らなかったのです。その印象が変わったのが10年ほど前のこと。2月の終わりの頃、久しぶりにボジョレーを飲んで、「あれ？ こんなにチャーミングだった？」と思ったのです。グラスの中には梅の花の香りがありました。冬が終わる頃、道を歩いていると、ふと梅の花の香りを感じることがありますが、その感覚に似ています。ガメイ種は、私にとっては春を告げるワインです。

私の「家飲み」スタイル

食べ物との組み合わせで
ワインがさらにおいしくなる

ワインは料理があってこそ。私自身がいろいろ経験し、ふだんに楽しむようになったお気に入りのペアリングをご紹介します。

「今日も疲れた！」日の至福の組み合わせ

仕事が終わって時計を見るとすでに夜の8時。これから買い物をして夕食の支度をするのは面倒……。そんな日に頭に浮かぶのが「かんぴょう巻き」で、デパ地下や持ち帰り専門の寿司店などに時々寄ります。合わせるのは決まってピノ・ノワール種です。以前、カベルネ・ソーヴィニヨン種とも合わせたことがあり、これはこれでおいしかったのですが、果実味が強く、海苔の風味が消えてしまいました。

この楽しいペアリングを教えてくださったのは銀座「鮨 からく」のご主人の戸川基成《きみなり》さんで、鮨の世界にワインを取り入れた第一人者です。仕事で訪れたとき、「かんぴょうとピノ・ノワール種はとても合うんですよ」と出してくださったのですが、感動的なおいしさ

ピノ・ノワール種
×
かんぴょう巻

ピノ・ノワール種がもつヨード香（わかめのような磯の香り）が海苔の風味と合う。
（※写真は「鮨 からく」のものではありません）
■「鮨 からく」https://ginza-karaku.com

でした。甘辛く炊かれたかんぴょうが繊細な果実味とよく合い、さっと焼かれた海苔の磯の香りが、ピノ・ノワール種の香りとマッチしていました。その味が忘れられず、以来、お気に入りの組み合わせに。

特別なことのない平日の、ささやかな楽しみ

「鮨 からく」で出しているワインはブルゴーニュの老舗「ドメーヌ ブシャール ペール エ フィス」の「ボーヌ グレーヴ ヴィーニュ ドランファン ジェズュ（幼子イエスのブドウ畑）」で、ルイ14世誕生にまつわる逸話をもつ銘醸ワインです。チェリーの香りが際立ち、味わいは極めて優雅。でも、そんな高級ワインを自宅で開けることはできず、私は「ブルゴーニュ・ルージュ」と。このペアリングを知ってから、かんぴょう巻きを買う回数が増えました。

「鮨 からく」のレベルには遠く及びませんが、自宅ならこれで十分。特別なことは何もない平日に、ささやかながらも楽しい時間があるだけで、「また明日も頑張ろう」と、素直に思えるのです。

スパークリングワイン
×
豚肉とほうれん草のしゃぶしゃぶ

ダイエット中でもワインは飲める！

仕事柄、会食の機会が多くあります。海外の生産者を迎えての会食はたいていフレンチで、来日の多い秋には「昼夜フレンチ」も珍しくありません。この時期は、体重の増加が目に見えてわかります。洋服は何を着ても似合わないし、なにより自分の体が重い！　そこで数年前に一念発起、ダイエットをしたことがあります。炭水化物や甘いものには目もくれず、ワインもセーブ……と言いたいところですが、ワインのない生活はありえません。ワインは楽しみつつ、食事の内容を工夫したところ、3カ月で6キロの減量に成功！

ワインを飲んでいても痩せられるのです！

ダイエットの味方・豆腐に合うのは「カバ」

活躍したのは「泡」です。豆腐料理やサラダに1、2杯合わせれば、炭酸が食欲を抑えてけっこう満腹になります。出番が多かったのは「カバ」。シャルドネ種だけだと苦みがなく、お総菜には上品

スパークリングワイン
×
ミョウガ・シラスのせ冷ややっこ

すぎることがあるのですが、スペインの在来品種で造られる「カバ」は、独特の苦みが料理とよく合うのです。よく作っていたのが、豆腐の上に刻んだミョウガとシラスをのせたもの。オリーブオイルと醤油、かんずり少々でいただきます。これがカバにぴったりで、シラスの生臭さもなく、辛味調味料の辛さがワインの果実感にすっと寄り添います。ビタミンとカルシウムをとりたいときには、カッテージチーズとトマトをオリーブオイルと塩で。温かいものが欲しいときには豚肉とほうれん草のしゃぶしゃぶを胡麻だれで。ほうれん草も「泡」と合わせると、「私、ただのほうれん草じゃないから」と、急にイケイケ感を醸し出します。似通ったメニューばかりでしたが、「泡」のお陰で食べ飽きませんでした。

　私は「泡」は「シュワシュワしているからカロリーゼロ」と勝手に決めています。「サンドウィッチマン」の伊達みきおさんが「揚げ物はからりと揚がっているからカロリーゼロ」とおっしゃっているのに触発されたのです。好きなものを我慢しないダイエットはストレスになりません。「泡は気分が上がる」ので、心にも効くのです。

仕事脳をいったんリセットしてスイーツ&ワイン

料理やおつまみだけでなく、スイーツとの相性を気軽にトライできるのも「家飲み」の醍醐味《だいごみ》です。最近気に入っているのは、「ロゼ・シャンパーニュ&バタークリームケーキ」「泡&スコーン」「リースリング&レモンタルト」。お菓子の甘みにワインの酸味が寄り添い、「大人っぽい味」になるのです。

「コクのある赤&チョコレート」が私の定番です。チョコレートが大好きで常備しているので、冷蔵庫に開栓した赤があれば気軽に合わせているという程度のものです。カベルネ・ソーヴィニヨン種やジンファンデル種、マルベック種などとよく合います。チョコレートも「ガーナ」や「ハイミルク」「キャドバリー」など、スーパーで気軽に買えるものがほとんどです。

ちょっと大きな仕事に区切りがついたときは、自分へのご褒美として「ラ・メゾン・デュ・ショコラ」や「和光」など名店のものを奮発します。このときだけはワインもランクアップさせて、ボルドーのソーテルヌ（甘口白）のハーフサイズを用意します。これで、「ひとり打ち上げ」をするのを楽しみに、日々頑張って仕事をしています。

赤ワイン × チョコレート

優しい気持ちを取り戻す魔法のペアリング

「ワイン＆チョコレート」は、大人に魔法をかけてくれる組み合わせだと思っています。長く仕事をしていると、日々「仕事脳」モードになっています。期待に応えたい、責任を果たしたい、ミスをしたくない……。緊張感をもって誠心誠意仕事に向き合うのは素敵なことですが、年齢を重ねるうちに、時には「緩む」ことも大切だと思うようになりました。

「ワイン＆チョコレート」は、私にとって「緩む」ためのアイテム。チョコレートのほろ苦さと甘さやワインの甘酸っぱさが、忘れかけていた「女の子気分」を揺り起こしてくれるのです。いい年をして女の子気分もないけれど、やわらかな感情を取り戻すことは、大切だと思うのです。これはぜひ、多くの方に試してほしいです。頑張った日の心強い味方になってくれます。

いつもの「居酒屋メニュー」がぐっとランクアップ

忙しい日が続くと、食卓には居酒屋メニューのような簡単に用意できるものが並びます。お造り、冷ややっこ（冬は湯豆腐）、冷やしトマト、梅きゅう(時にもろきゅう)など、料理とは呼べないものばかり。ビールの定番おつまみですが、私が選ぶのはやはりワイン。相性のよいワインと組み合わせると、切って並べただけのメニューがぐっとおいしくなるのです。

「爽やか系白」の穏やかな香りに癒やされる

合わせるのは、たいていは日本の甲州種かボルドーのソーヴィニヨン・ブラン種なのですが、シチリアのグリッロ種やスペインのアルバリーニョ種が登場することもあります。これらの品種に共通するのは、華やかな香りではないということ。ネガティブな意味ではなく、「爽やかで軽快なスタイル」なのです。ワインの中にハーブのようなグリーンノート(緑っぽい香り)や潮風のニュアンスがあり、

ソーヴィニヨン・ブラン種
×
もろきゅう・梅きゅう・枝豆

どこまでも爽快。手をかけない素材だけの一皿によく合います。

もろきゅうは、一見ワインには合わなそうですが、ソーヴィニヨン・ブラン種と合わせると、きゅうりの青い香りがソーヴィニヨン・ブラン種のハーブ香に包まれて、急に「ちょっとイケてる」ふうに華やかになり、「あの地味なもろきゅうが！」と感動します。

お刺身がメインの日には甲州種。日本酒に共通するような、ちょっとストイックなミネラル感と酸味があって、それが魚介類によく合うのです。「日本のワインだなぁ」としみじみ。グリッロ種やアルバリーニョ種は海辺のワイン産地の品種なので、こちらは白身魚のカルパッチョで。刺身とオリーブオイル、レモン果汁の簡単なものですが、塩麹を添えると美味です。

ワインは、最初はキンキンに冷やして、時間をかけてゆっくりと楽しみます。すると、ワインの温度が少しずつ上がって香りが開いてきます。白い花、桃、ハーブ、潮風などさまざまなアロマが立ち上がり、豊かな気分になります。仕事を頑張った日、白ワイン1杯の幸せは、けっこう大きいのです。

お店の味を真似てみたら、家飲みでも大活躍！

「家飲み」は楽しいのですが、自分の料理があまりにもワンパターンで、飽きてくることがあります。そんなときは、レストランやワインバーで感動した料理とワインの組み合わせを思い出し、そのアイデアを取り入れてみることにしています。

今や私の定番調味料となっているのがトリュフ塩ですが、きっかけはあるお店で食べたトリュフ風味のフライドポテトでした。トリュフの香りをまとったカリッ＆ふわっのフライドポテトに手が止まらなくなり、友人と「ひとり一皿いけるね」と盛り上がったほど。早速トリュフ塩（黒）を買ってきて、真似てみました。ジャガイモの揚げ方や塩の使い方などプロの技には及びませんが、マンネリになっていた「家飲み」にお店の味が加わり、また楽しくなりました。時間があるときはジャガイモを大きめに切り、皮ごと二度揚げするのですが、これが最高においしくて、泡やロゼを誘います。時間がないときは冷凍を使いますが、気軽に作れるので「なにかもう一品」

ロゼワイン
×
トリュフ風味のフライドポテト

というときに重宝します。トリュフ塩は、ニース風サラダやオムレツに使うとひと味違ったおつまみになるので、あると便利です。

くせのある食材もワインの果実感でさらにおいしく

時々作るのが、パクチーサラダです。あるお店の味に感動し、家でも自己流で作ってみました。「本家」は本格派ですが、私のはパクチーをナンプラーとレモン汁、オリーブオイルと塩、コショウであえるだけのフェイク料理。干し海老や春雨、玉ねぎを加えてヤムウンセン風にすることもあります。これは泡やロゼ、リースリング種と一緒に。パクチーもナンプラーもくせがありますが、ワインの果実感が加わると、実においしいのです。

「餃子とワイン」は今や定番ですが、以前取材で伺ったお店では、餃子のたれにグレープフルーツ果汁を加えて、リースリング種と出していました。これがまたおいしくて、「家飲み」の定番に。私はグレープフルーツの代わりにレモンを使ってすっきりした味を楽しんでいます。リースリング種や泡が、よりおいしく感じられます。

魚によって合わせるワインを変える

赤身の魚を引き立てるのは赤とロゼ

「魚には白」がワインの定石ですが、あてはまらない魚もあります。マグロやカツオなどの赤身の魚と、アジ、イワシ、サバなどの青魚です。まだワイン初心者だった頃、アジの刺身に白を合わせて「生臭い」と感じたことを、今も覚えています。

青魚にはロゼ、赤身の魚には赤(特にピノ・ノワール種)が合うと知ったのは、ワインの記事を書き始めた頃のこと。ある有名なソムリエの方が、取材後の雑談で「カツオには絶対ピノ・ノワールです！」と教えてくださいました。早速試したところぴったりで、「やはり一流ソムリエは違う！」と感動しました。

カツオは血合いがあるので白だと生臭くなりますが、ピノ・ノワール種には鉄分のようなニュアンスがあるので、血合いにも自然に寄り添います。この鉄分は、時に「血のニュアンス」とも言われ、だからこそジビエなどにも合うのです。以来、私は「マグロとカツ

ピノ・ノワール種
×
赤身の刺身

オは肉」と考え、赤（主にピノ・ノワール種）を合わせています。

青魚をおいしくしてくれるのはロゼ

鯖寿司が好きで時々買うのですが、合わせるのはたいていロゼ。家で鯖寿司を食べようとして、冷蔵庫にはロゼしかなかった……というのがこのペアリングに出会ったきっかけで、「え？　鯖にはロゼなの？」と驚きました。以来、「青魚にはロゼ」を実践しています。

最近では、オレンジワインを合わせることも多くなりました。果皮や種のタンニンを感じさせるドライな味わいが、青魚に合います。

鰻の蒲焼はコクのある赤で楽しむ

鰻にも赤を合わせます。以前、取材でボルドーを訪れたとき、郷土料理の「鰻の赤ワイン煮込み」をいただいたのですが、これがカベルネ・ソーヴィニヨン種と好相性で、印象に残りました。その組み合わせが気に入り、鰻の蒲焼にはカベルネ・ソーヴィニヨン種かピノ・ノワール種、マスカット・ベーリーA種を合わせています。

たまには贅沢 私の奮発ワイン

高級ゆえにふだんは手が出せないけれど、折々に自分へのご褒美として買うワインがあります。ハレの日を彩る、自分と向き合う、妄想にふける。豊かな時間を過ごします。

心の憂いを払う優美な味
1年の締めくくりに飲みたい

シャトー・シャス・スプリーン 2015

ラズベリーやブラックベリー、スミレ、スパイスの香り。丸みのある果実味としなやかなタンニン。口当たりもなめらか。余韻も長く続く。酸味と果実味のバランスもパーフェクト。

■品種／カベルネ・ソーヴィニヨン、メルロ、プティ・ヴェルド、カベルネ・フラン
■生産地／フランス ボルドー地方
■生産者／シャトー・シャス・スプリーン
■11,000円
■問い合わせ先／エノテカ
TEL 0120-81-3634
https://www.enoteca.co.jp

年末、1年頑張った自分へのご褒美に買うのがこのワインです。「シャス・スプリーン（憂いを払う）」というシャトー名が気に入っています。1年間の憂いをこのワインですべて払って、「新年がいい年でありますように」と願います。

このシャトーには、1821年にイギリスのロマン派の詩人ジョージ・ゴードン・バイロン卿が訪れ、「憂いを払うには、このシャトーのワイン以上のものはない」と語ったという逸話が残っています。のちに、それを知ったシャトーの新オーナーがその逸話をいたく気に入り、命名しました。

その味わいはボルドー・メドックの「クリュ・ブルジョワ」の筆頭と言われるだけあって、奥深くエレガント。ちょっといいお肉を用意して、家族とゆっくり楽しみます。

初めてニュージーランドを訪れたとき、太古の自然を感じさせるダイナミックな風景に魅了されました。その後、ワインの取材で南島にあるこの地を訪れたのですが、山々に囲まれたワナカ湖のほとりに広がるブドウ畑の美しい風景に癒やされ、長旅の疲れが吹き飛びました。その後試飲をしたこのワインから感じられたのは、湖を渡る風のようなひんやりしたニュアンスでした。透明感があって涼やかで、心が洗われる感覚。以来、「リッポン」が大好きになりました。

オーナーのニック・ミルズ氏が「ドメーヌ・ド・ラ・ロマネ・コンティ」で修業したことから「ニュージーランドのDRC」とも評されますが、そんな肩書きはなくても、このワインはとても魅力的。あの湖の涼やかな風が恋しくて、頑張った日の自分にプレゼントするのです。

ニュージーランドの〝ピノの名手〟
太古の自然を感じるピュアな味

エマズ・ブロック
ピノ・ノワール 2017

チェリーやラズベリー、ローズペッパーの香り。カカオとバニラのニュアンス。セントラル・オタゴ地区のパイオニア的生産者。ブドウはビオディナミ農法で育て、ピュアな味わいを生み出している。

■品種／ピノ・ノワール
■生産地／ニュージーランド セントラル・オタゴ
■生産者／リッポン ヴィンヤード アンド ワイナリー
■8,800円
■問い合わせ先／ラック・コーポレーション
TEL 03-3586-7501
https://order.luc-corp.co.jp

日々忙しく過ごしていると、あっという間に１年が過ぎてしまいます。「また今年も終わってしまった……」と呆然とすることもしばしば。だからこそ、せめてお正月だけはのんびりと過ごします。無為な時間の中で、新しい年に向けて心が少しずつ整ってくるように感じられるのです。

そんな元日の食卓に登場するのが「ルイナール ブラン・ド・ブラン」です。1729年創設の最古のグラン・メゾンで、シャルドネ種の表現の美しさに定評があります。奥深い味わいで、その品格と折り目正しさから、私はひそかに「シャンパーニュの虎屋」と呼んでいます。

この折り目正しさこそが、新年の膳には必要。加えて、まるで光を閉じ込めたような美しいボトルが、この１年がいい年であることを約束してくれるように思えます。「ルイナール」は、私にとっての験担ぎなのです。

老舗らしいエレガントさ
光を通したようなボトルも美しい
ルイナール ブラン・ド・ブラン

グレープフルーツやレモン、白い花の香り。果実味がやわらかく、酸味は極めてピュア。フィネスがあり、透明感のある味。和食との親和性が高く、寿司や天ぷら、鮎などが驚くほどおいしくなる。

■品種／シャルドネ
■生産地／フランス シャンパーニュ地方
■生産者／ルイナール
■11,990円
■問い合わせ／MHD モエ ヘネシー ディアジオ
TEL　03-5217-9736

目標としていたライターの先輩と時々一緒に飲んだのがボルドー・メドック第２級「シャトー・レオヴィル・ラス・カーズ」。これは、そのセカンドラベル的ワインです。オーナーの人柄からか、「シャトー・レオヴィル・ラス・カーズ」には優美でありながらも「知的な孤高の人」のようなイメージがあり、それがまた独特の魅力を醸し出しています。憧れの先輩も、そんな女性でした。

大きなワイン特集で彼女が１番手、私は２番手ということがありました。彼女の記事と並んで恥ずかしくないよう、必死で原稿を書きました。ところが、その後彼女は病のため、天国へ。私は、目標としていた彼女に近づいてきているだろうか。心の中で彼女に、そして自分自身に問うとき、思いきってこのワインを開けることにしています。

サン・ジュリアン地区らしい優雅さ
奥深くスタイリッシュなワイン

クロ・デュ・マルキ 2011

ブラックベリー、黒コショウ、甘草、バニラの香り。なめらかなタンニン。2007年にセカンドラベル「プティ・リヨン」が新たに誕生したが、今もワイン愛好家にはセカンドラベル的存在として親しまれている。

■品種／カベルネ・ソーヴィニヨン主体にメルロ、カベルネ・フラン
■生産地／フランス ボルドー
■生産者／シャトー・レオヴィル・ラス・カーズ
■11,000円
■問い合わせ／エノテカ
TEL 0120-81-3634
https://www.enoteca.co.jp

「ここ10年で大きな変化を見せている」――。最近、このフレーズを原稿で書くことが多くなりました。世界のワインはどんどん進化しているということでしょう。カリフォルニアもそのひとつでした。

「果実味が強くて濃厚」が従来のイメージですが、10年ほど前から「ニュー・カリフォルニアワイン」と呼ばれるワインが注目されるようになりました。これは「テロワールに忠実な、エレガントなワイン」のことで、元『サンフランシスコ・クロニクル』のワインライター、ジョン・ボネ氏が著書『ザ・ニュー・カリフォルニア・ワイン』で紹介したことがきっかけでした。

「書き手として、トレンドは押さえておかないと」と思っていたところ、「アルノー・ロバーツ」を飲んで、その繊細さに魅了されました。心に新しい風が吹くような爽やかさが好きなのです。

洗練されたスタイル
「ニュー・カリフォルニア」の筆頭

アルノー・ロバーツ シャルドネ
ワトソン・ランチ・ヴィンヤード ナパ・ヴァレー 2018

アプリコットやヘーゼルナッツの香りがアロマティック。クリーミーでリッチな果実感の中に清らかでフレッシュ感のある酸味が溶け込み、コクがありながらも爽やかな印象で、ミネラルもたっぷり。

■品種／シャルドネ
■生産地／アメリカ カリフォルニア州
■生産者／アルノー・ロバーツ
■7,370円
■問い合わせ／ワイン・イン・スタイル
TEL　03-5413-8831
https://www.wineinstyle.co.jp

「谷崎潤一郎がもし現代に生きていたら、きっとブルゴーニュ好きだったに違いない」と『陰翳礼讃』を読んで思ったことがあります（ほぼ妄想ですが）。ブルゴーニュのピノ・ノワール種には、独特の「影」があって、それが多くの愛好家を惹きつけます。今、ブルゴーニュは価格が高騰し、そのかわりとして他国のピノ・ノワール種に注目が集まっています。それらも魅力的ですが、ブルゴーニュファンにとっては馬の耳に念仏のようなもので、「ブルゴーニュじゃないとだめ」なときがあるのです。

「ブルゴーニュの哲学者」と評される「ド・モンティーユ」は、その「影」がたまらなく魅力的です。陰翳の美しさはブルゴーニュならではのものだと思います。『痴人の愛』の主人公のように、時には、この「影」に翻弄されたいのです。

ブルゴーニュらしい「影」のニュアンス
品格ある味にうっとり

ニュイ サン ジョルジュ
オー サン ジュリアン 2018

チェリーやスパイスの香りの奥に、シダやキノコ、紅茶の香り。柔らかな果実と緻密で清潔感のある酸が調和し、品格のある味わい。アロマティックな香りが長く続き、余韻も長い。

■品種／ピノ・ノワール
■生産地／フランス、ブルゴーニュ地方
■生産者／ド・モンティーユ
■10,450円
■問い合わせ／ラック・コーポレーション
TEL 03-3586-7501
https://order.luc-corp.co.jp

お気に入りが必ず見つかる！

私のおすすめワインショップ

ワインショップ・エノテカ GINZA SIX 店

〝フランスやイタリアの銘醸ワインに強い店〟として知られますが、これこそがキーワード。本書で最初にお話しした〝一流ブランドのTシャツ〟的ワインが揃っています。

私のお気に入りはイタリアの「サンタ・クリスティーナ」のロゼで、これは銘醸ワインで有名なアンティノリのカジュアルワイン。エノテカにはこういった老舗や、ロスチャイルド家などフランスの名門がチリやアルゼンチンなどで手がけるカジュアルワイン(1,000円台後半)が多くあります。年に何度か、こういったワインを「10本11,000円」のセットで出す店舗もあり、私も購入しますが、かなりお得と感じます。(オンラインも要チェック!)

また、私が気に入っているのがGINZA SIX店の「ロゼコーナー」。個性的なロゼも多く、とても華やかで、引き寄せられてしまいます。

■ ワインショップ・エノテカ GINZA SIX店
東京都中央区銀座6-10- 1
GINZA SIX B2F
TEL 03-6263-9802
10:30〜20:30 不定休
https://www.enoteca.co.jp

WINE MARKET PARTY

ワインの品揃えの豊富さでは〝ピカイチ〟。お店に入った瞬間、種類が多すぎて一瞬呆然とするのですが、ここでは、ポップを頼りに見ていくと「飲みたくなるワイン」に出会えます。ひとつひとつを見ていくと大変なので、私はまず大文字のキャッチフレーズをチェック。「飲み応え十分！天才が仕込む究極のイチオシ・カベルネ」「２級格付けポワフェレのお得な美しいボルドー！」。文章を書く者から見ると、心をつかまれるフレーズばかりで、いつも「上手い！」と感動します。私は気に入ったポップのものをじっくり読んでから購入するのですが、ハズしたことはありません。

おつまみコーナーも秀逸で、但馬牛のビーフジャーキーなど〝お洒落系〟も多く、いつも足を止めてしまい、「迷子」になります。グラスなど、ワインに関するものならすべて揃うのも魅力です。

■ **WINE MARKET PARTY**
東京都渋谷区恵比寿4-20- 7
恵比寿ガーデンプレイスＢ1Ｆ
TEL 03-5424-2580
11:00～19:30 不定休
https://www.partywine.com

銀座 君嶋屋

「ちょっと個性的で変わったもの」が欲しいときに訪れるお店。銘醸ワインや稀少な日本酒が揃うことで有名ですが、この店の魅力は、なんといっても代表の君嶋哲至さんが直接買いつけるワインにあります。コルシカ島やミネルヴォワなど、日本ではまだメジャーとは言えないワイン産地から驚くほどおいしいワインを発掘、紹介し、多くの有名ソムリエに信頼されています。

私が「すごい！」と思ったのがコルシカ島の「アントワーヌ・アレナ」で、ヴェルメンティーノ種（白）のおいしさに魅了されました。ワイン好きの方のお宅で開かれる会などに持っていきます。

銀座店は大きなお店ではありませんが、〝いいもの〟を厳選、しかも、3,000円台以下のワインにもここならではのセンスが感じられるのが、わざわざ行きたくなる理由です。

■ 銀座 君嶋屋
東京都中央区銀座1-2-1
紺屋ビル1F
TEL 03-5159-6880
10:30～20:00（日曜・祝日～19:00）
無休
https://kimijimaya.co.jp

IMADEYA GINZA

ここは「日本ワイン」のパラダイス！ ほかではなかなか手に入らない銘柄がずらりと並び、訪れるたびにワクワクします。「平川ワイナリー」や「くらむぼんワイン」といった安定感のある気鋭の造り手や、キラリとセンスが光る小さな造り手のものが多く並び、気になるものばかりで目移りします。日本のオレンジワインやロゼも多く、トレンドを押さえているところも「さすが」のひと言。対応も早く、一度、欲しかったワインが品切れだったとき、お店の方に相談したら、すぐに取り寄せていただけました。

2021年8月には、清澄白河にワイン初心者が気軽に日本ワインに親しめる「いまでや 清澄白河」がオープンしました。カウンターで日本全国のいろいろなワインがグラスで楽しめるとあって、ワイン愛好家の話題となっています。

■ IMADEYA GINZA
東京都中央区銀座6-10- 1
GINZA SIX B2F
TEL 03-6264-5537
10:30～20:30 不定休
https://www.imadeya.jp

カーヴ・ド・リラックス

「リーズナブルでいいワイン」に定評あるお店です。30 ～ 31 ページでご紹介した「ノストラーダ」や「マルキ・ド・ボーラン」のほか、ここでしか扱いのないワインが購入できます。

この店の素晴らしさは温度管理が徹底しているところ。安価なワインを屋外に置くお店もありますが、私は温度劣化が気になり、屋外のものには手が伸びません。ここは、ワインが大切にされていると感じ、信頼できます。アメリカやフランス、イタリアなどの有名生産者のカジュアルワインも多く揃います。

■ **カーヴ・ド・リラックス**
東京都港区西新橋 1-6-11
☎ 03-3595-3697
11:00～20:00 無休
https://www.cavederelax.com

そのほかにも……

私はデパ地下が好きでよく行くのですが、「ちょっとおいしいもの」を買った後で和洋酒売り場に立ち寄ります。デパートのワインには「贈答用」のイメージがありますが、実はカジュアルワインも充実していて、1,000円台のものでもかなり厳選された銘柄が出ていることが多いのです。

私がよく覗くのは三越銀座店、松屋銀座店、伊勢丹新宿店、東急渋谷本店、髙島屋日本橋店など。デパ地下のお総菜と合わせて、プチ贅沢気分に浸ります。有名デパートのバイヤーやソムリエは〝目利き〟なので、彼らが選んだワインがおいしくないはずがありません。

ふだんは近所のスーパーへ。数年前と比べ、ワインの種類が格段に増えたと感じます。小田急 OX やピーコック、ザ・ガーデン、成城石井なども品揃えがよいです。まずは近くのスーパーをチェックして下さい。

さらにおいしく飲むために

■ どんなグラスを選ぶ？

ワインはグラスによって味が変わる不思議な飲み物です。専門ブランドのグラスは、ワインの味を確実にランクアップさせてくれます。ステム（脚）のないグラスは、安定感があるので〝ながら飲み〟にもぴったり。ワインに適したグラスを使いたいという思いが芽生えたら、赤・白・スパークリング用のグラスを揃えてみるとよいでしょう。

<リーデル・オー>リースリング／ソーヴィニヨン・ブラン(2個入)4,400円。白ワインと軽めの赤ワインの両方に使える汎用性の高さ。持ちやすいのも魅力。

<オヴァチュア>スターターキットAギフト(赤ワイン/白ワイン/シャンパーニュ)(6個入)8,250円。オンラインのみの限定商品。店舗では2客セットで購入が可能。それぞれのワインの魅力を引き立てる。

■ リーデル青山本店
東京都港区南青山1-1-1 青山ツインタワー東館1F
TEL 03-3404-4456 12:00～19:00（土曜・祝日11:00～18:00）日曜休　https://shop.riedel.co.jp

■ 開封されたら何日持つの？

ワインによりますが、カジュアルワインの場合は３～４日間を「賞味期限」と考えています。泡の場合は２日間。シャンパンストッパーがあれば翌日まで泡をキープできるので、ひとつあると便利です。抜栓したら赤・白・泡を問わず、冷蔵庫で保管するのがおすすめです。

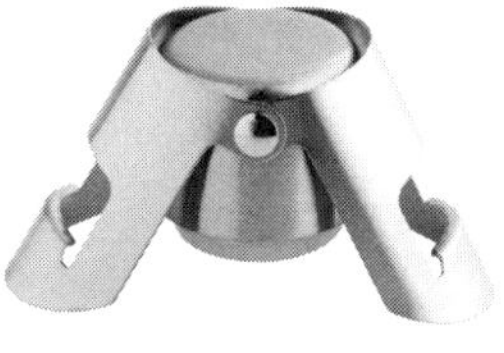

■ ステンレス シャンパン ストッパー
1,100円　■問い合わせ／グローバル
TEL 06-6543-9686
https://www.globalwine.co.jp/shop

あとがき

お祝いごとや記念日、ホームパーティーなどを除き、日常に「家飲み」されるのは、ほとんどが手ごろな値段のカジュアルワインです（セレブは別として）。今回、紹介したワインの多くもカジュアルワインで、スーパーやワインショップ、あるいはオンラインなどで手に入るものばかり。心がけたのは「いい生産者のものを選ぶこと」でした。

紹介したワインは、ほとんどが「ひとつの生産者につき1種類」ですが、生産者のラインナップには、同じカジュアルラインでも別の品種で造られたものや、「プレステージ」や「フラッグシップ」と呼ばれる高級ラインがあります。好きな生産者を見つけたら、ぜひその生産者が造る別のワインにもトライしてみてください。個性がわかり、ワイン選びがもっと楽しくなります。

取材を通じ、多くの醸造家の方々にお会いしました。よく聞いた言葉が、「ワインは分かち合うもの。大切な人と飲んでください」でした。でも、彼らもひとりでのんびり飲むことがあります。そんなとき、考えるのはやはりワインのことだそうです。ワインには、生産者の思いが込められているのだと、あらためて感じました。

この本をつくるにあたり、ご協力をいただいた皆さまに、この場を借りて心より感謝いたします。皆さまのお力なしには、この本はできませんでした。

ワインは幸福の飲み物です。「家飲み」でリラックスしつつ、どうぞ、楽しい毎日をお過ごしください。この本を手に取ってくださった皆さまに感謝をこめて、「乾杯」！

２０２１年11月

安齋喜美子

〈協力〉
シャンパーニュ委員会
ボルドーワイン委員会
ラングドックワイン委員会
ボジョレーワイン委員会
カリフォルニアワイン協会
日本ワイナリーアワード協議会
ニュージーランド貿易経済促進庁
スペイン大使館経済商務部
オーストラリア大使館商務部
SOPEXA　JAPON

Special　Thanks: ウィラハン麻未

〈参考文献〉
『フランスワイン教本』(産学社)
アラン・セジェール　ベアトリス・ド・ラフォリ　著
名越康子　監訳

〈ワインの紹介文について〉

■ワインの情報は 2021 年 10 月 30 日現在のものです。

■価格は税込みです。

■ワインの容量は「ハーフサイズ」と記載のない限り、すべて 750ml です。

■ボトル写真のヴィンテージは、現行ヴィンテージと異なる場合があります。

装丁・本文デザイン／原田暁子
イラスト／なかざわとも

撮影／山下みどり
スタイリスト／肱岡香子

安齋喜美子
あんざいきみこ

ワイン＆フード ジャーナリスト。
一般誌やワイン専門誌で料理やワイン、
旅、お取り寄せなどについて幅広く執筆。
国内外のワイナリーや醸造家、
レストランの取材も多数。
日経電子版『SPIRE(スパイア)』で
「家飲みが楽しくなる！　お酒に合う
絶品お取り寄せグルメ」を連載中。
著書に『葡萄酒物語』(小学館)。
シャンパーニュ騎士団シュヴァリエ。

ワイン迷《まい》子《ご》のための家《いえ》飲《の》みガイド

2021 年 12 月 8 日　第 1 刷発行

著　者　安齋《あんざい》喜《き》美《み》子《こ》
発行者　樋口尚也
発行所　株式会社　集英社
〒 101-8050 東京都千代田区一ツ橋 2-5-10
電　話　編集部　03-3230-6137
読者係　03-3230-6080
販売部　03-3230-6393（書店専用）

印刷所　凸版印刷株式会社
製本所　ナショナル製本協同組合

定価はカバーに表示してあります。

ISBN978-4-08-781711-9 C0095